Informatik & Praxis

Herbert Kopp
Bildverarbeitung
interaktiv

Informatik & Praxis

Herausgegeben von
Prof. Dr. Helmut Eirund, Fachhochschule Harz
Prof. Dr. Herbert Kopp, Fachhochschule Regensburg
Prof. Dr. Axel Viereck, Hochschule Bremen

Anwendungsorientiertes Informatik-Wissen ist heute in vielen Arbeits-
zusammenhängen nötig, um in konkreten Problemstellungen Lösungsansätze erarbeiten und umsetzen zu können. In den Ausbildungsgän-
gen an Universitäten und vor allem an Fachhochschulen wurde dieser
Entwicklung durch eine Integration von Informatik-Inhalten in sozial-,
wirtschafts- und ingenieurwissenschaftliche Studiengänge und durch
Bildung neuer Studiengänge – z. B. Wirtschaftsinformatik, Ingenieur-
informatik oder Medieninformatik – Rechnung getragen.

Die Bände der Reihe wenden sich insbesondere an die Studierenden
in diesen Studiengängen, aber auch an Studierende der Informatik,
und stellen Informatik-Themen didaktisch durchdacht, anschaulich
und ohne zu großen „Theorie-Ballast" vor.

Die Bände der Reihe richten sich aber gleichermaßen an den Praktiker
im Betrieb und sollen ihn in die Lage versetzen, sich selbständig in ein
seinem Arbeitszusammenhang relevantes Informatik-Thema einzuar-
beiten, grundlegende Konzepte zu verstehen, geeignete Methoden
anzuwenden und Werkzeuge einzusetzen, um eine seiner Problem-
stellung angemessene Lösung zu erreichen.

Bildverarbeitung interaktiv

Eine Einführung mit multimedialem
Lernsystem auf CD-ROM

Von Prof. Dr. Herbert Kopp
Fachhochschule Regensburg

 B. G. Teubner Stuttgart 1997

Prof. Dr. rer. nat. Herbert Kopp

Geboren 1948 in Homburg (Saar). Studium der Mathematik und Physik an der Universität des Saarlandes, Promotion über ein Thema aus der theoretischen Informatik. Von 1971 bis 1975 wiss. Mitarbeiter an der Universität des Saarlandes, von 1975 bis 1977 Zentrale Forschung und Entwicklung der Siemens AG, seit 1977 Professor für Informatik an der Fachhochschule Regensburg und wiss. Leiter des Rechenzentrums.

Gefördert im Rahmen des ▓▓▓-Projektes.

Das diesem Bericht zugrundeliegende Vorhaben wurde mit Mitteln des Bundesministeriums für Bildung, Wissenschaft, Forschung und Technologie unter dem Förderkennzeichen 08 C58 24 9 gefördert. Die Verantwortung für den Inhalt dieser Veröffentlichung liegt beim Autor.

Die Deutsche Bibliothek – CIP-Einheitsaufnahme

Kopp, Herbert:
Bildverarbeitung interaktiv : eine Einführung mit multimedialem Lernsystem auf CD-ROM / von Herbert Kopp. – Stuttgart : Teubner, 1997
  (Informatik und Praxis)

Additional material to this book can be downloaded from http://extras.springer.com.

ISBN 978-3-519-02995-3   ISBN 978-3-322-89205-8 (eBook)
DOI 10.1007/978-3-322-89205-8

Vorwort

Die digitale Bildverarbeitung hat sich heute zu einer Basistechnologie für die unterschiedlichsten Anwendungsfelder entwickelt. Qualitätskontrolle, Fertigungssteuerung, Medizin, Auswertung von Satellitenaufnahmen, Mikroskopie und Druckvorstufe sind nur einige der Bereiche, die ohne sie nicht mehr vorstellbar wären. Damit werden Kenntnisse der Grundlagen dieses Fachgebietes für viele Berufsfelder immer wichtiger.

„Bildverarbeitung Interaktiv" ist ein multimediales Lernsystem über diese Grundlagen der Bildverarbeitung. Es integriert unter einer graphischen Benutzeroberfläche verschiedene Medien zur Vermittlung der Inhalte:

- ein konventionelles Lehrbuch in elektronischer und gedruckter Form,
- Lernprogramme zu einzelnen Themen und
- ein interaktives Bildverarbeitungssystem für eigene Experimente.

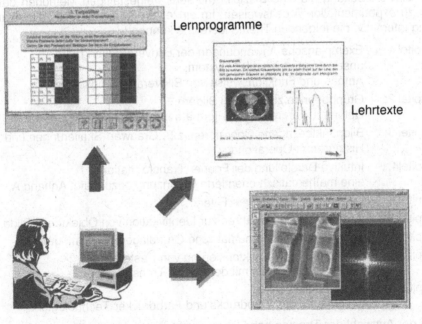

Lernprogramme

Lehrtexte

Bildverarbeitungssystem

Eine multimediale, interaktive Lernumgebung bietet für diese Thematik signifikante Vorteile:

- Lernprogramme erleichtern den Einstieg in viele Themenbereiche, die dann im Lehrtext vertieft werden.

- Algorithmische Abläufe, z.B. die Arbeitsweise eines Faltungsoperators, sind mit Animationen leichter als mit einer statischen Darstellung zu vermitteln.

- Zur Darstellung des Bildmaterials und der Wirkung von Bildverarbeitungsoperatoren eignen sich elektronische Medien besonders gut.

- Mit Graphiken am Farbbildschirm lassen sich Zusammenhänge leichter verdeutlichen als im schwarzweißen Druck.

- Abstrakte Begriffe und mathematische Formeln lassen sich wiederum am Bildschirm kaum vermitteln. Hier liegt weiterhin die Stärke des gedruckten Textes.

- Vom elektronischen Lehrtext und von den Lernprogrammen aus können Bilder direkt mit dem integrierten Bildverarbeitungssystem bearbeitet werden. Gelerntes läßt sich so durch eigene Experimente nachprüfen und vertiefen.

Die Methoden der Bildverarbeitung entstammen verschiedensten Gebieten, etwa der Informatik, der Mathematik und der Physik. Zahlreiche Verfahren sind in der noch jungen Geschichte dieser Disziplin auch neu entwickelt worden. So stellt sich die Bildverarbeitung als eine Disziplin mit sehr vielgestaltigen Methoden dar bis hin zu experimentellen Arbeitsweisen. Im einzelnen lernen Sie mit „Bildverarbeitung Interaktiv" die folgenden Themenbereiche kennen:

Kapitel 1:   Exemplarische Anwendungen der Bildverarbeitung,
             unser eigenes visuelles System,
             Aufbau und Funktionsweise von Bildverarbeitungssystemen.

Kapitel 2:   Grundbegriffe zu digitalen Bildern,
             Datenstrukturen und Dateiformate für Bilder.

Kapitel 3:   Bildpunktbezogene Operatoren, z.B. Grauwert-Skalierungen und
             Histogramm-Operationen.

Kapitel 4:   Intuitive Darstellung der Fourier-Transformation;
             eine mathematisch orientierte Ergänzung dazu bietet Anhang A.

Kapitel 5:   Lineare und nichtlineare Filter.

Kapitel 6:   Segmentierungsverfahren zur Identifikation von Objekten in Bildern.

Kapitel 7:   Technische und mathematische Grundlagen der Tomographie.

Kapitel 8:   Skelettierung und Vektorisierung von Rasterbildern,
             Detektion von Linien mit der Hough-Transformation.

Kapitel 9:   Farbmodelle,
             Grundlagen des Farbdrucks und Farbdrucker-Technologien.

Bei der Auswahl der Themen habe ich versucht, einerseits die Standardthemen in ausreichender Breite berücksichtigen, andererseits aber auch punktuell auf besondere Anwendungen einzugehen, deren Auswahl zwangsläufig subjektiv geprägt ist.

Zur Entstehung von „Bildverarbeitung Interaktiv" haben über viele Jahre hinweg zahlreiche meiner Studentinnen und Studenten beigetragen. Sie alle aufzuzählen, sehe ich mich kaum noch in der Lage. Stellvertretend für sie alle danke ich hier denen, die direkt an der vorliegenden Version beteiligt waren: J. Herreruela und Chr. Wolf (mediaCircle) für die Entwicklung der Benutzeroberfläche und der Lernprogramme, A. Burkhardt und A. Sorg für die Entwicklung des Bildverarbeitungssystems, H. Feyrer für die kritische Durchsicht des elektronischen Lehrtextes, A. Clemens, K.Fuchs, G. Hilmer, B. Mittag und E. Obermeier für die Entwicklung von Animationen und Interaktionsmodulen. Herrn Dr. Spuhler und Herrn Jürgen Weiß und ihren Mitarbeitern vom Verlag B.G. Teubner danke ich für die stets konstruktive und effektive Zusammenarbeit. Dem Bundesministerium für Bildung, Wissenschaft, Forschung und Technologie danke ich für die Förderung des Projekts. Nicht zuletzt sei die Rücksicht und Geduld meiner Frau während der Streßphasen dankbar erwähnt.

Regensburg, im September 1997

Herbert Kopp

Inhaltsverzeichnis

1 Einführung

1.1 Anwendungfelder der Bildverarbeitung

Die digitale Verarbeitung von Bildinformationen mit dem Rechner war lange Zeit auf wenige exklusive Einsatzbereiche beschränkt. Leistungsfähige Bildverarbeitungsverfahren und das verbesserte Preis/Leistungsverhältnis der notwendigen Hardware haben inzwischen aber zu einer weiten Verbreitung von Bildverarbeitungstechniken auf den unterschiedlichsten Anwendungsgebieten geführt. Die folgenden Beispiele zeigen exemplarisch die vielfältigen Einsatzmöglichkeiten der digitalen Bildverarbeitung:

Thermographische Verfahren

Ein außerordentlich breites Anwendungsspektrum besitzen thermographische Verfahren. Die Temperaturverteilung von Objekten wird dabei mit einer Infrarotkamera aufgenommen und anschließend analysiert. Einige typische Einsatzfelder sind die folgenden:

– *Gebäude- und Anlagen-Inspektion*
  Durch Infrarotaufnahmen lassen sich schlecht isolierte Stellen von Gebäuden, Heizleitungen, Kesseln und Reaktorgefäßen sichtbar machen.

– *Thermische Optimierung elektronischer Baugruppen*

Bei der Entwicklung elektronischer Baugruppen spielt eine optimale thermische Dimensionierung eine bedeutende Rolle. Eine Temperaturerhöhung von 10% führt bereits zu einer Halbierung der Lebensdauer von elektronischen Bauelementen. Im Wärmebild lassen sich Problemzonen einer Schaltung feststellen und dann beseitigen.

Abb. 1.1 Thermographische Kontrolle einer Leiterplatte

- *Vorbeugende Wartung mechanischer Komponenten*
Motoren, Getriebe, Ventilatoren, Kompressoren und andere Maschinenelemente unterliegen ständigem Verschleiß. Ungleichmäßige Belastung, schlechte Schmierung und andere Verschleißursachen machen sich durch erhöhte Wärmeabgabe bemerkbar. Diese kann man im Wärmebild frühzeitig erkennen und beseitigen.

Qualitätskontrolle bei der Leiterplattenfertigung

Bei modernen Platinen ist eine zuverlässige Sichtkontrolle kaum mehr möglich: Hohe Packungsdichten, doppelseitige Bestückung, immer feinere Strukturen und Tausende von Lötstellen können nur noch automatisch überprüft werden. Da 75% aller Defekte auf mangelhafte Bestückungsqualität zurückzuführen sind, ist eine zuverlässige, automatisierte Qualitätskontrolle sehr wichtig. Dabei wird die Vollständigkeit der Bestückung, die Qualität von Lötstellen usw. geprüft.

Abb. 1.2   Bestückungskontrolle

Fehleranalyse in der Isolation von Hochspannungskabeln

Hochspannungskabel, die im Erdboden verlegt sind, entwickeln im Laufe der Zeit in ihrer Isolationsschicht baumartig verästelte Strukturen (Wasserbäumchen), die schließlich zu einem elektrischen Durchschlag führen. Tritt ein solcher Defekt auf, dann ist zu entscheiden, ob eine lokale Reparatur ausreicht oder das ganze Kabel ausgetauscht werden muß.

Für eine Analyse werden dünne Schichten aus dem Isolationsmantel des Kabels herausgeschnitten. Mit einem Bildverarbeitungssystem lassen sich die darin entstandenen Strukturen analysieren und daraus Rückschlüsse auf die Qualität des Isolators ziehen.

Abb. 1.3   Wasserbäumchen im Isolator eines Hochspannungskabels

Qualitätskontrolle in der Zahnmedizin

Unsere Zähne sind lebenslang enormen mechanischen Belastungen ausgesetzt. Zahnkronen, Brücken und Implantate unterliegen den gleichen hohen Belastungen wie die Zähne selbst. Die Materialien und Methoden der Zahnprothetik werden daher ständig weiterentwickelt.

Die Qualität der Klebespalten zwischen Zahn und Krone ist dabei ein wichtiger Indikator für die Haltbarkeit der Verbindung. Diese läßt sich durch die Vermessung der Klebespaltbreite anhand elektronenmikroskopischer Aufnahmen bestimmen:

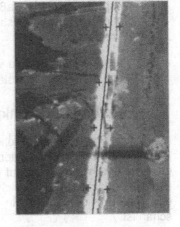

- Das Elektronenmikroskop liefert Aufnahmen präparierter Klebespalten und gibt sie an das Bildverarbeitungssystem weiter.

- Dieses erkennt darin aufgrund eines erlernten Helligkeitsprofils die Spaltenränder.

- Entlang einer vorgegebenen Linie werden dann in gleichmäßigen Abständen gegenüberliegende Randpunkte des Klebespalts automatisch erkannt.

- Die Punktabstände werden vom System berechnet und an andere Applikationen übergeben.

Abb. 1.4   Vermessung von Klebespalten

Zeichen- und Texterkennung

Das Umsetzen gedruckter oder handschriftlicher Texte in einen zeichencodierten Text ist eine weitverbreitete Anwendung der Bildverarbeitung. Erste Versuche wurden schon vor über 30 Jahren durchgeführt. Auch heute noch ist das Erkennen beliebiger Texte mit der erforderlichen hohen Zuverlässigkeit noch nicht selbstverständlich.

Ein PC-Bildverarbeitungssystem zum automatischen Erkennen von Autonummern benötigt etwa 2 Sekunden und arbeitet mit 99% Erkennungssicherheit. Texterkennungssysteme, die umfangreiche Textvorlagen verarbeiten, müssen eine wesentlich höhere Sicherheit erreichen, da bei einer Fehlerrate von 1% auf jeder Schreibmaschinenseite mit 2000 Zeichen noch 20 Fehler zur manuellen Nachbesserung übrig bleiben würden.

Abb. 1.5   Zeichenerkennung

1.2   Das visuelle System des Menschen

Die beeindruckenden Leistungen technischer bildverarbeitender Systeme dürfen nicht darüber hinwegtäuschen, daß sie die Leistungsfähigkeit der menschlichen visuellen Wahrnehmung in vieler Hinsicht nicht annähernd erreichen. Ein grundlegendes Verständnis des biologischen Gesichtssinns ist aber auch für den Einsatz von Bildverarbeitungssystemen hilfreich. Wir betrachten zwei unterschiedliche Ansätze:

- Die *Neurophysiologie* befaßt sich mit der Frage 'Wie funktioniert das Sehen ?'. Sie untersucht, wie optische Reize aufgenommen, weitergeleitet und verarbeitet werden.

- Die kognitive *Psychologie* versucht über die Frage 'Was nehme ich in einem Bild wahr ?' zu einem Verständnis der Mechanismen des Sehens zu gelangen.

1.2.1   Aufbau und Funktionsweise des Auges

Abbildung 1.6 zeigt in einem schematischen Querschnitt den Aufbau des menschlichen Auges. In der ersten Stufe der optischen Wahrnehmung wird durch die Linse ein umgekehrtes, reelles Bild auf der Netzhaut erzeugt. Dabei regelt die Pupille die einfallende Lichtmenge ähnlich wie die Blende eines Fotoapparats. Die Wölbung der Linse wird durch Muskeln so eingestellt, daß die Abbildung auf der Netzhaut scharf ist.

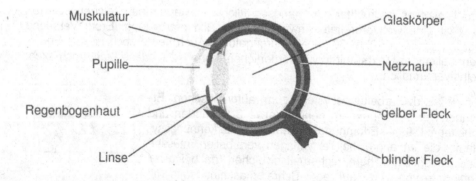

Abb. 1.6   Aufbau des Auges

Die lichtempfindlichen Zellen der Netzhaut wandeln das erzeugte Bild in Nerven-
signale um, die über den Sehnerv an das Gehirn weitergeleitet werden. Man kennt
verschiedene Typen solcher lichtempfindlicher Zellen:

– Die Stäbchen können nur Licht-Intensitäten, also keine Farben unterscheiden.
   Mit ihnen sehen wir vorwiegend in der Dämmerung.

– Die Zäpfchen sind für das Erkennen von Farben verantwortlich. Mit ihnen sehen wir nur im Hellen. Man nimmt an, daß es drei Arten von Zäpfchen mit cha-
   rakteristischer spektraler Empfindlichkeit gibt (Abbildung 1.7). Die maximale
   Empfindlichkeit des Auges liegt bei einer Wellenlänge von 555 nm.

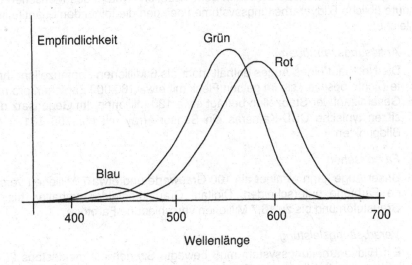

Abb. 1.7   Spektrale Empfindlichkeit der Zäpfchen

Die Zäpfchen sind am dichtesten im Zentrum der Netzhaut, dem gelben Fleck, gepackt. Die Empfindlichkeit der Netzhaut und ihr Auflösungsvermögen sind an dieser Stelle am größten. Mit wachsender Entfernung vom gelben Fleck nimmt die
Zahl der Zäpfchen ab, so daß dort vorwiegend mit den Stäbchen gesehen wird.
Die Stelle, an der der Sehnerv das Auge verläßt, besitzt gar keine Sehzellen. Sie
wird daher als blinder Fleck bezeichnet. Die Existenz des blinden Flecks kann
man leicht nachweisen: Verdecken Sie das linke Auge und fixieren Sie mit dem
rechten den Punkt in der Abbildung 1.8 aus 50 cm Entfernung. Wenn Sie den Abstand zur Zeichnung verringern, wird das Kreuz bei einer bestimmten Entfernung
unsichtbar.

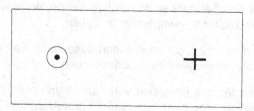

Abb. 1.8   Zur Existenz des blinden Flecks

Den großen Unterschied zwischen dem visuellen System des Menschen und den heute übliche Bildverarbeitungssystemen belegen die folgenden quantitativen Vergleiche:

– *Auflösungsvermögen*

Die Netzhaut eines Auges enthält mehr als 6 Millionen Zapfenzellen. Ihre größte Dichte besitzen sie im gelben Fleck mit etwa 160.000 Zäpfchen pro mm². Die Gesamtzahl der Stabzellen beträgt etwa 130 Millionen. Im Gegensatz dazu besitzen typische CCD-Kameras ein Sensor-Array mit nur 756×581 ≅ 440.000 Bildpunkten.

– *Farbensehen*

Unser Auge kann weniger als 100 Grauwerte und etwa 7 Millionen verschiedene Farbtöne unterscheiden. Digitale Graustufenbilder enthalten bis zu 256 Graustufen und bis zu 16,7 Millionen verschiedene Farbtöne.

– *Verarbeitungsleistung*

Ein Bildverarbeitungssystem muß bewegte Szenen mit mindestens 25 Einzelbildern pro Sekunde aufnehmen und analysieren. Bei einer Bildgröße von 512×512 Pixeln und 3 Byte pro Pixel ist also ein Datenstrom von etwa 20 MB pro Sekunde aufzunehmen und zu verarbeiten. Das ist auf heutigen Rechnern nur mit Spezial-Hardware möglich. Unser visuelles System kann einen viel größeren Informationsstrom bewältigen. Man schätzt, daß er etwa 10^{11} Bit pro Sekunde umfaßt. Die Schaltzeiten der Nervenzellen liegen zwar im Millisekundenbereich. Durch massiv parallele Informationsverarbeitung kann aber dennoch eine extrem hohe Verarbeitungsleistung erreicht werden.

1.2.2   Wahrnehmungspsychologie

Während wir bisher physiologische Mechanismen zur Erklärung des Sehens betrachtet haben, versucht die perzeptive und kognitive Psychologie, Gesetzmäßigkeiten der visuellen Wahrnehmung experimentell zu ermitteln und daraus auf die zugrunde liegenden Vorgänge zu schließen. Auch dabei ergeben sich charakteristische Unterschiede zwischen den Fähigkeiten eines Bildverarbeitungssystems und denen des menschlichen visuellen Systems, wie die folgenden Beispiele zeigen.

– *Wahrnehmen von Helligkeitsstufen*

Die subjektive Wahrnehmung der Helligkeit eines Objekts hängt stark von seiner Umgebung ab. Abbildung 1.9 demonstriert das eindrucksvoll. Im linken Teilbild erscheinen die Quadrate **A** und **B** verschieden hell. Das Muster erweckt den Eindruck, als ob vertikale, transparente Filterstreifen mit unterschiedlicher Absorption über dem Bild lägen. Unser Wahrnehmungsapparat korrigiert den scheinbaren Filtereffekt und interpretiert das Quadrat **B** heller als es tatsächlich ist. Sobald wir die senkrechten Bildstreifen auseinanderziehen, verschwindet der Effekt, wie die das rechte Teilbild zeigt.

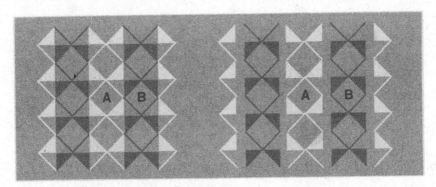

Abb. 1.9   Objektive und subjektive Helligkeit

– *Beurteilen der Größe von Objekten*

Auch die absolute Größe von Objekten kann das visuelle System des Menschen nur schlecht beurteilen. Bekannte optische Täuschungen zeigen, daß wir die Größe eines Objekts ganz unterschiedlich einschätzen, wenn es in verschiedenen Umgebungen dargestellt ist (Abbildung 1.10).

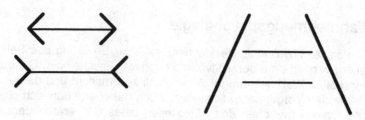

Abb. 1.10   Optische Täuschungen bei der Beurteilung von Längen

– *Erkennen von Strukturen*

Eine besondere Stärke des menschlichen Sehens liegt im Erkennen von Objekten und Strukturen in Bildern. Hier wirken Mechanismen, die sich von den Verfahren der maschinellen Bildverarbeitung grundsätzlich unterscheiden. In der Abbildung 1.11 "sehen" wir ein weißes Dreieck, dessen Eckpunkte vor den schwarzen Kreisen liegen und eine Kreisscheibe, die ein Strahlenbündel überdeckt. Selbstverständlich sind diese Objekte nicht real auf der Netzhaut vorhanden, sondern eine Interpretation unseres visuellen Systems.

Abb. 1.11   Optische Täuschungen bei der Wahrnehmung von Objekten

– *Räumliches Sehen*

Räumliche Strukturen nehmen wir auch dann wahr, wenn ein Bild gar keine echte Tiefeninformation enthält. Dies ist zum Beispiel bei Pseudostereographien der Fall (Abbildung 1.12). In anderen Fällen interpretieren wir den gleichen Bildinhalt in unterschiedlicher Weise, wie in Abbildung 1.13 zu sehen ist: Die Würfeldarstellung ohne Unterdrückung der verdeckten Kanten läßt sich entweder so auffassen, als ob die Ecke **A** oder als ob die Ecke **B** vorne liege.

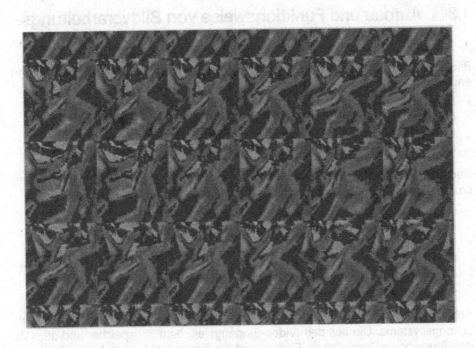

Abb. 1.12   Pseudostereogramm (von Uwe Pirr)

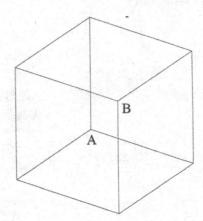

Abb. 1.13   Unterschiedliche Interpretation der räumlichen Tiefe

1.3   Aufbau und Funktionsweise von Bildverarbeitungssystemen

Bildverarbeitungssysteme müssen vielseitige und anspruchsvolle Anforderungen erfüllen. Sie sollen z.B.

- Bilder von unterschiedlichen Quellen aufnehmen , speichern und verarbeiten,
- bei Bedarf Bildverarbeitungsoperationen in Echtzeit ausführen,
- wechselnden Einsatzbedingungen flexibel angepaßt werden können,
- eine hochentwickelte graphische Benutzeroberfläche besitzen.

Dementsprechend sind moderne Bildverarbeitungssysteme modular aufgebaute, heterogene Multiprozessorsysteme. Ihre wichtigsten Komponenten sind

- die Kontroll- und Steuereinheit,
- das Bildaufnahme-System,
- der Video-Eingangsteil,
- der Bildspeicher,
- die Bildverarbeitungseinheit und
- der Video-Ausgangsteil.

Abbildung 1.14 zeigt eine Übersicht über die Module eines typischen Bildverarbeitungssystems. Die aus dem Video-Eingangsteil, dem Bildspeicher und dem Video-Ausgangsteil bestehende Einheit wird als Framegrabber bezeichnet. Wir betrachten diese Einheiten in den folgenden Abschnitten genauer. Dabei legen wir mehr Gewicht auf die funktionellen Merkmale als auf die aktuellen technologischen Kenndaten, die sich schnell verändern.

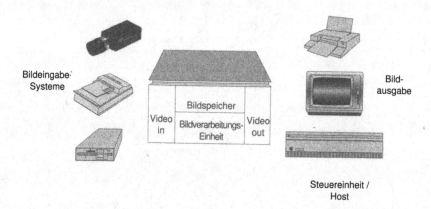

Abb. 1.14   Modularer Aufbau eines Bildverarbeitungssystems

1.3.1   Die Kontroll- und Steuereinheit

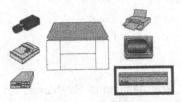

Der Host-Rechner eines Bildverarbeitungssystems stellt die interaktive Schnitt-stelle zum Benutzer zur Verfügung, steuert die Peripheriegeräte und die Bildver-arbeitungseinheit und verwaltet die Bilddateien. Darüber hinaus kann er selbst Bildverarbeitungsoperationen ausführen und die Ergebnisse weiterverarbeiten. In der Regel ist der Host-Rechner ein PC oder eine Workstation.

1.3.2   Bildaufnahme-Systeme

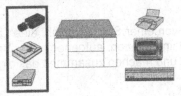

Die Wahl eines geeigneten Aufnahmesystems ist von entscheidender Bedeutung für den Erfolg aller weiteren Bildverarbeitungsprozesse. Häufig eingesetzte Geräte sind z.B.

– Video-Kameras,
– Hand- und Flachbett-Scanner,
– Laser-Scanner,
– Licht-Mikroskope,
– Raster-Elektronenmikroskope,
– Termographie-Kameras,
– Röntgen- und Kernspin-Tomographen.

Sie unterscheiden sich in der Sensor-Technologie, im Aufnahme-Verfahren und im aufgenommenen Spektralbereich.

Sensorik

Die technologische Grundlage all dieser Geräte bilden wenige Sensor-Technolo-gien. Die Sensoren sind letztendlich für die Erfassung der Bildinformation verant-wortlich. Um die Aufnahmen in der erforderlichen Qualität bei vorgegebenen Aufnahmebedingungen zu ermöglichen, werden sie in mehr oder weniger komplexe Aufnahme-Systeme eingebettet. Wichtige Sensoren sind z.B.

- CCD-Arrays und CCD-Zeilen,
- Bild-Aufnahme-Röhren,
- Photodioden,
- Richtantennen,
- Strahlungs-Meßgeräte.

Jeder Sensortyp kann nur eine bestimmte Strahlungs-Art in einem beschränkten Spektralbereich aufnehmen. Dementsprechend unterscheidet man z.B

- elektromagnetische Sensoren,
- magnetische Sensoren,
- Schall-Sensoren.

Bei elektromagnetischen Sensoren unterscheidet man je nach dem aufgenommenen Spektralbereich Sensoren für Radiowellen, Mikrowellen, für infrarotes, sichtbares und ultraviolettes Licht sowie für Röntgen- und Gammastrahlung.

Aufnahmeverfahren

Bei der Bildaufnahme wird von einer Szene sowohl eine Ortsinformation als auch eine Farb- bzw. Helligkeitsinformation aufgenommen. Beide Informationstypen müssen digitalisiert werden und machen zusammen das digitalisierte Bild aus.

- *Ortsinformation*

    Sie ergibt sich dadurch, daß man die Szene in eine Matrix aus rechteckigen oder quadratischen Zellen zerlegt und für jede dieser Zellen die Farb/Helligkeitswerte abtastet. Die übliche matrixartige Zerlegung in Zeilen und Spalten wie auch die rechteckige oder quadratische Zellenform sind technisch bedingt und haben Konsequenzen für alle weiteren Operationen mit den digitalisierten Bildern. Wichtige Parameter bei der räumlichen Diskretisierung sind die Auflösung, mit der die Ortsinformation digitalisiert wird und die Zellen-Geometrie.

    Die Abtastverfahren zur Gewinnung der Ortsinformation beruhen auf unterschiedlichen technischen Lösungen, z.B.
    - auf mechanischen Konstruktionen, wie bei Zeilenscannern,
    - auf der Ablenkung eines Abtaststrahls durch mechanische Spiegel, etwa bei Laserscannern,
    - auf simultaner Aufnahme mit zweidimensionalen Sensor-Arrays, wie bei CCD-Kameras,
    - auf elektronischen Linsen, z.B. in der Tomographie und in der Raster Elektronenmikroskopie.

– Intensitäts- und Farbinformation

Die Abtastung liefert für jeden Bildpunkt einen oder mehrere digitale Intensitätswerte. Bei einer normalen Graubild-Aufnahme genügt ein Aufnahmekanal für die mittlere Helligkeit der Zellen, bei Farb-Aufnahmen werden drei Kanäle für die roten, grünen und blauen Bestandteile des sichtbaren Lichts eingesetzt. Die Aufnahmekanäle können aber auch Meßwerte beliebiger Art liefern. Wesentlich dabei ist, daß auch diese Information stets mit einem mehr oder weniger groben digitalen Raster aufgenommen wird.

– Abtastgeschwindigkeit

Wir unterscheiden nach ihrer Arbeitsgeschwindigkeit Echtzeit- und Slow Scan-Geräte:

- *Echtzeitsysteme*
  können mindestens 25 Bilder in der Sekunde kontinuierlich aufzeichnen. Typische Geräte dieser Kategorie sind Videokameras oder Meßeinrichtungen in der Qualitätskontrolle.

- *Slow Scan-Geräte*
  eignen sich für langsamere Bildfolgen oder sogar nur für Einzelbild-Aufnahmen. Eine einzige Aufnahme kann mehrere Sekunden bis Minuten dauern. Geräte dieser Kategorie sind z.B. Zeilenscanner oder Tomographen.

Kameratechnologie

Verglichen mit anderen Aufnahmesystemen sind CCD-Kameras in der Bildverarbeitung heute die am häufigsten eingesetzten Aufnahmeeinrichtungen (CCD = Charge Coupled Devices). Die wichtigsten Vorteile der dabei eingesetzten CCD-Zeilen und CCD-Arrays sind:

- lange Lebensdauer,
- hohe Empfindlichkeit, es genügen geringe Lichtintensitäten für eine Aufnahme,
- großer Dynamik-Bereich , d.h. sie lassen große Intensitäts-Unterschiede zu,
- hohe geometrische Genauigkeit, auch bei Temperaturschwankungen.

Das Kernstück jeder CCD-Kamera ist das Sensor-Array. Es besteht aus einer großen Zahl lichtempfindlicher Zellen, die in einer rechteckigen Matrix angeordnet sind (Abbildung 1.15). Jede Zelle wandelt einfallendes Licht in elektrische Ladungen, die sie in einem MOS-Kondensator speichert. Die Ladungen werden zeilenweise in ein horizontales Transportregister übernommen und daraus seriell ausgelesen. Am Ausgang der Kamera steht dann ein *analoges Video-Signal* zur Verfügung.

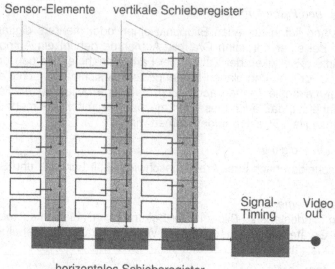

Abb. 1.15   Aufbau eines CCD-Array

Die Video-Norm der Kamera spezifiziert das Timing und die Pegel des Video-Signals. Neben den Pixel-Informationen enthält das Video-Signal auch Synchronisations-Signale für den Bildanfang und die Zeilenwechsel (Abbildung 1.16). Die wichtigsten Video-Normen in der Bildverarbeitung sind die europäische CCIR-Norm und die amerikanische RS170-Norm. Beide Verfahren übertragen jedes Bild als zwei aufeinanderfolgende Halbbilder, die nur gerade bzw. nur ungerade Zeilen enthalten.

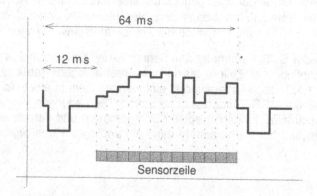

Abb. 1.16   Schematische Form eines CCIR-Video-Signals

Die folgende Tabelle faßt charakteristische Merkmale beider Signaltypen zusammen:

	CCIR		RS 170	
horizontale Abtastzeit	64	µs	63,55	µs
horizontale Abtastfrequenz	15,625	KHz	15,7343	KHz
horizontale Totzeit	11,8414	µs	10,7556	µs
vertikale Abtastzeit	20	ms	16,6833	ms
vertikale Abtastfrequenz	50	Hz	59,9401	Hz
vertikale Totzeit	1,5360	ms	1,2711	ms
Zeilen pro Bild	625		525	
davon aktive Zeilen	576		485	

1.3.3 Der Framegrabber

Abbildung 1.17 zeigt die innere Struktur eines Framegrabber, der in der Regel

– den Video-Eingangsteil,
– den Bildspeicher und
– den Video-Ausgangsteil

realisiert. Seine erste Stufe bildet der Video-Eingangsteil, der das analoge Video-Signal der Kamera aufnimmt und es digitalisiert. Der Bildspeicher nimmt das digitalisierte Bild auf. Der Video-Ausgangsteil wandelt gespeicherte Bilder wieder um in ein analoges RGB-Signal, das dann auf einem Monitor dargestellt wird.

Aufnahmegeräte, die ein digitales Signal liefern, z.B. Scanner, übertragen ihre Daten über eine digitale Schnittstelle, z.B. einen SCSI-Controller direkt an den Bildspeicher des Bildverarbeitungssystems.

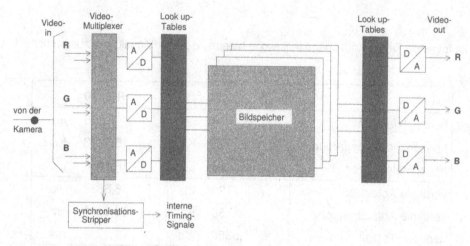

Abb. 1.17   Struktur eines Framegrabber

Der Video-Eingangsteil

Der Video-Eingangsteil bildet die Schnittstelle zwischen der Aufnahme-Peripherie und dem zentralen Bildverarbeitungssystem. Die ankommenden Video-Signale können unterschiedlicher Art sein:

– digitale Daten, etwa bei Zeilenscannern,
– genormte, analoge Daten, bei Videokameras und Videorecordern, oder
– ungenormte, analoge Daten, z.B. bei Meß-Einrichtungen und Raster-Elektronenmikroskopen.

Der Video-Eingangsteil muß die Bildquelle mit dem Bildspeicher synchronisieren, analoge Daten vorverarbeiten und digitalisieren und schließlich die aufbereiteten Daten abspeichern. Dazu besitzt er vier Funktionseinheiten:

– *Videomultiplexer*

  Er stellt die erste Verarbeitungsstufe für die ankommenden Analogsignale dar. Seine Aufgabe ist es, die von mehreren Videoquellen gelieferten Datenströme auszuwählen und zu serialisieren.

– *Synchronisations-Stripper*

  Genormte Video-Signale enthalten neben der reinen Bildinformation auch Synchronisierungssignale für den Bildanfang und die Zeilenlänge. Der Synchronisations-Stripper extrahiert diese aus dem Datenstrom und erzeugt Triggersignale zur Synchronisation der Bildquelle mit dem Bildspeicher.

– *Analog/Digitalwandler*

Das analoge Video-Signal muß in einen digitalen Datenstrom umgewandelt werden. Dazu wird jeder Eingangskanal mit einer festen Taktrate abgetastet, wobei die abgetasteten Analogwerte in eine digitale Signalfolge umgewandelt werden. Viele Standard-Systeme arbeiten mit einer Abtastfrequenz von 10 MHz, wobei Bilder mit 512×512 Bildpunkten digitalisiert werden können. Variable Scan-Systeme setzen statt der A/D-Wandler Signalprozessoren mit variierbarer Abtastfrequenz ein und können so auch variable Bildgrößen generieren.

– *Eingangs-Look-up-Tabelle*

Diese ist die letzte Station des Video-Eingangsteils. Sie transformiert die digitalen Bildpunkt-Werte noch vor der Übertragung in den Bildspeicher. Damit sind einfache Vorverarbeitungsoperationen möglich, z.B. das Ausblenden einzelner Bitebenen. Oft werden mehrere Look-up-Tabellen verwendet, die vom Hostrechner geladen und in Echtzeit selektiert werden können.

Der Bildspeicher

Der Bildspeicher nimmt als zentraler Teil des Bildverarbeitungssystems die digitalisierten Bilder auf zur Verarbeitung. Er dient gleichzeitig als Bildwiederholspeicher für den Video-Ausgangsteil. Bei reiner Graubild-Verarbeitung genügt eine Tiefe von 8 Bit pro Bildpunkt, bei Echtfarben-Verarbeitung werden bis zu 32 Bit pro Bildpunkt verwendet. Bei den Bildverarbeitungssystemen im oberen Leistungsbereich sind die freie Konfigurierbarkeit des Bildspeichers, flexible Adressierungstechniken oder Zugriffs-Caches wichtige Leistungsmerkmale. Außer dem Video-Eingangsteil greifen auch der Hostrechner und die Bildverarbeitungsprozessoren auf den Bildspeicher zu. Wir betrachten einige Leistungsmerkmale von Bildspeichern:

– *Speicherkapazität*

In Anbetracht der umfangreichen Bild-Daten wird die Kapazität des Bildspeichers möglichst groß gewählt. Sie kann einige Megabyte bei einfachen PC-Bildverarbeitungssystemen und bis über 100 Megabyte bei Hochleistungssystemen betragen. Systeme mit einer derart hohen Speicherkapazität können Bildfolgen bis zu einigen Minuten resident verarbeiten.

– *Bildspeicher-Struktur*

Die Bildspeicher leistungsfähiger Bildverarbeitungssysteme unterscheiden sich von konventionellen Arbeitsspeichern durch ihre freie Konfigurierbarkeit, unterschiedliche Zugriffsmodi und parallele Zugriffspfade. Oft steht für jeden Eingangskanal eine eigene Speicherbank zur Verfügung. Teile des Bildspeichers können im Adreßraum des Hostrechners liegen.

Die Konfigurierbarkeit des Bildspeichers ermöglicht es, für Bilder beliebiger Größe und Pixel-Tiefe eigene Speicherbereiche zu definieren und diese als autarke Einheiten zu behandeln. Unterschiedliche Zugriffsmodi erlauben den Zugriff auf einzelne Bildpunkte, auf Bit-Ebenen sowie auf ganze Zeilen oder Spalten eines Bildes. Block Move-Operationen können ganze Bildbereiche verschieben.

Bei Echtzeit-Verarbeitung muß der Bildspeicher solche Operationen in sehr kurzer Zeit ausführen, z.B. innerhalb eines einzigen Speicherzyklus. Deshalb werden dafür extrem schnelle Speicher-Bausteine und Adressierungslogik verwendet.

– *Parallel-Zugriff*

Bildspeicher sind als Dual Port Memory konzipiert, d.h., sie können zwei gleichzeitige Zugriffe bedienen. Deshalb kann die Bildaufnahme parallel zur Wiedergabe auf dem Monitor erfolgen. Dabei wird die Ausgabe gegenüber der Eingabe durch interne Pufferung um einen Bildzyklus, d.h. 40 msec, verzögert.

Der Video-Ausgangsteil

Der Video-Ausgangsteil erzeugt aus dem digitalisierten Bildspeicherinhalt wieder analoge Video-Signale, die auf einem Monitor ausgegeben oder auf einem Videorecorder aufgezeichnet werden können. Die an diesem Prozeß beteiligten Komponenten sind die Ausgangs-Look-Up-Tabellen, die Digital/Analogwandler und der Display-Prozessor.

– *Ausgangs-Look-up-Tabellen*

Ebenso wie der Video-Eingangsteil besitzt auch der Video-Ausgangsteil Look-up-Tabellen zur Transformation von Grau- oder Farbwerten. Mit ihrer Hilfe sind homogene Punktoperatioen am Bildsignal möglich, ehe es an den Digital/Analogwandler weitergeleitet wird. Wie bei den Eingangs-Look-up-Tabellen existieren oft mehrere voneinder unabhängige Look-up-Tabellen, mindestens jedoch für jeden Kanal eine. Sie können vom Host geladen und in Echtzeit selektiert werden.

– *Digital/Analogwandler*

Die aus dem Bildspeicher ausgelesene digitale Information muß nach der Transformation durch die Look-up-Tabellen in ein analoges Video-Signal umgewandelt werden. Diese Aufgabe erfüllen die Digital/Analogwandler.

– *Display-Prozessor*

Er steuert die Umsetzung der digitalen Bildinformationen aus dem Bildspeicher in ein analoges Signal, das den Elektronenstrahl des Monitors steuert. Bei einfachen Systemen wird der komplette Bildspeicher-Inhalt auf den ganzen Bildschirm abgebildet. Zusätzliche Funktionalitäten sind:

- PAN- und Scroll-Funktionen: Dabei wird die Startzeile und Startspalte für die Ausgabe auf dem Bildschirm modifiziert.

- Zoom-Funktionen: Damit kann der Bildspeicherinhalt vergrößert oder verkleinert auf dem Monitor dargestellt werden.

1.3.4 Die Bildverarbeitungseinheit

Im einfachsten Fall benötigt ein Bildverarbeitungssystem gar keine eigene Bildverarbeitungseinheit. Dann müssen alle Verarbeitungsoperationen direkt durch den Host ausgeführt werden. Falls die Rechenzeit keine ausschlaggebende Rolle spielt, ist dies durchaus akzeptabel. Bei Echtzeit-Verarbeitung sind aber Operationszeiten von mehreren Sekunden oder gar Minuten für ein Bild nicht mehr tragbar. Es müssen daher Spezialprozessoren eingesetzt werden, z.B.

– *Pipeline-Prozessoren für arithmetische Operationen*
Außer Prozessoren zur schnellen Ausführung elementarer arithmetischer Operationen gibt es Module, die Faltungen, FFT-Operationen usw. ausführen.

– *Filterprozessoren*
Filter-Operationen im Ortsraum erfordern die arithmetische Verknüpfung von Bildpunkten im Bereich einer Maske, die über das Bild bewegt wird. Da der Rechenaufwand für größere Masken sehr schnell steigt, können solche Operationen durch Spezial-Hardware wesentlich beschleunigt werden.

Busorientierte Multiprozessor-Architekturen

Moderne Bildverarbeitungssysteme sind modular als heterogene Multiprozessorsysteme konzipiert. Die einzelnen Prozessor-Module sind oft frei programmierbare, schnelle Spezialrechenwerke, die flexibel für ihre Aufgabe konfiguriert werden können. Die Zusammenarbeit der unterschiedlichen Funktionseinheiten erfolgt direkt über das Bus-System des Hostrechners (VME-Bus, AT-Bus, PCI-Bus) und oft zusätzlich über einen eigenen Image Bus. Abbildung 1.18 zeigt die Struktur einer solchen Bus-Architektur.

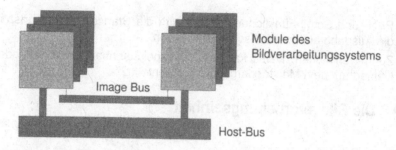

Abb. 1.18   Bus-orientiertes Bildverarbeitungssystem

1.4 Methoden zur Verarbeitung von Bildinformationen

Bei der Verarbeitung digitalisierter Bilder lassen sich spezifische Aufgabenbereiche unterscheiden:

Bildverarbeitung

Bei der Bildverarbeitung im engeren sind sowohl die Eingabeinformation als auch das Ergebnis Bilder. Es ist dabei das Ziel, die Bildinformation so aufzubereiten, daß sie visuell besser interpretiert werden kann oder daß die anschließende Bildanalyse erleichtert wird. Typische Techniken der Bildverarbeitung sind:

- die Modifikation der Farb-/Graustufenskala durch Skalierung,
- die Beseitigung von Bildfehlern durch Filterung,
- die Korrektur von Aufnahmefehlern durch Kalibrierung,
- die Extraktion von Strukturen durch Kantenextraktion.

Eine typische Beispielanwendung ist die folgende:

Die Interpretation von Luftbild-Aufnahmen wird durch Vorverarbeitungsschritte oft wesentlich erleichtert. So kann man durch eine Skalierung den Kontrast der Aufnahme verbessern, durch Filterung lassen sich Konturen hervorheben, durch Falschfarbendarstellung können relevante Gebiete, etwa Wälder deutlicher hervorgehoben werden.

Bildanalyse

Die Bildanalyse interpretiert den Inhalt von Bildern. Je nach dem beabsichtigten Resultat liefert sie sehr unterschiedliche Ergebnisse:

- numerische und geometrische Merkmale, etwa den Flächeninhalt eines Bereichs,

- topologische und stereologische Merkmale, etwa die Anordnung von Objekten in einer Szene,

- densitometrische Merkmale, z.B. die Absorption von Strahlung,

- Texturmerkmale, z.B. die kristalline Struktur einer Werkstoffoberfläche.

Eine Bildanalyse liegt etwa bei der folgenden Anwendung vor:

Beulen und Dellen in Blechteilen von weniger als 50 Mikrometer Tiefe sind nach der Lackierung bereits deutlich zu erkennen. Durch den Vergleich eines aufprojizierten Streifenmusters mit einem Referenzmuster lassen sich solche Beschädigungen schon vorher berührungslos erkennen und lokalisieren.

Bild-Codierung

Ziel der Bildcodierung ist eine Verringerung des Aufwandes zur Speicherung oder Übertragung von Bildern. Die wichtigsten Ansätze zielen dabei ab :

- auf die Kompression der Information durch Beseitigung von Redundanz, wobei die volle Bildinformation erhalten bleibt,

- auf die Unterdrückung irrelevanter Informationen, was in der Regel mit einem Informationsverlust verbunden ist.

Der folgende Vergleich zeigt die Bedeutung von Codierungsverfahren.

Ein Textzeichen benötigt bei einer Auflösung von 15x20 Pixeln 300 Bit zur Speicherung. Durch Kompressionstechniken, z.B. Block-Codierung, kann man eine Reduktion des Speicherbedarfs etwa um den Faktor 6 erreichen und benötigt dann nur noch 50 Bit pro Zeichen. Setzt man Texterkennung ein, so genügen 8 Bit pro Zeichen, das entspricht einer Reduktion um den Faktor 40.

Bildverarbeitungsprozesse

Die obigen Beispiele zeigen, daß zur Verarbeitung von Bildinformationen ein breites Spektrum von Techniken zur Verfügung steht. Für einen speziellen Anwendungsfall muß man daher eine geeignete Sequenz von Verarbeitungsschritten festlegen, die zu einer Funktionsfolge zusammengefaßt und auf das Bildmaterial angewandt werden kann. Mit modernen Bildverarbeitungssystemen wird die Verarbeitungsfolge interaktiv entwickelt und aufgezeichnet. Sie kann dann als Makro beliebig oft ablaufen. Abbildung 1.19 zeigt das Schema einer typischen Funktionsfolge für eine Bildanalyse.

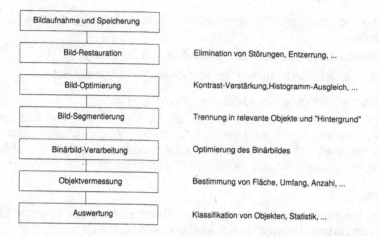

Abb. 1.19   Schema einer typischen Funktionssequenz bei der Bildanalyse

1.5   Aufgaben

1. Die Zapfen im gelben Fleck des Auges haben einen Durchmesser von 5 mm. Das Auge selbst hat einen Durchmesser von 20 mm. Wie groß ist die maximale Winkelauflösung aufgrund dieser geometrischen Gegebenheiten ?

2. Ein Text wird im Abstand von 40 cm betrachtet. Wie groß ist die kreisförmige Textfläche, die auf den gelben Fleck abgebildet wird (Durchmesser des gelben Flecks 0,8 mm, Durchmesser des Auges 20 mm) ?

3. Eine CCD-Kamera nimmt eine Szene auf, die $6{,}5 \times 5$ m^2 groß ist. Das Scanner-Array besitzt 760×580 Pixel. Welche lineare Auflösung ist von der Aufnahme zu erwarten ?

2 Digitale Bilder

Dieses Kapitel stellt Grundbegriffe zu digitalen Bildern und ihre globalen Merkmale vor. Darüber hinaus lernen wir Verfahren kennen zur Speicherung von Bildern im Arbeitsspeicher eines Rechners und auf externen Medien.

2.1 Grundlagen der Bilddigitalisierung

Damit wir Bilder im Rechner verarbeiten können, müssen sie in digitalisierter Form vorliegen. Diese Digitalisierung erfolgt bei der Bildaufnahme, z.B. durch einen Scanner oder bei der Übernahme des analogen Videosignals einer CCD-Kamera im Videoeingangsteil. Bereits die Umstände der Bildaufnahme sind für die möglichen Ergebnisse der späteren Verarbeitung entscheidend. In diesem Abschnitt betrachten wir die dafür relevanten Begriffe und diskutieren mögliche Probleme bei der Digitalisierung von Bildern.

Bildmatrizen

Bei der Bildaufnahme wird eine kontinuierliche Szene räumlich diskretisiert. Dabei werden Elementarbereiche der Szene auf je ein Pixel der Bildmatrix abgebildet. Diese Elementarbereiche sind quadratisch oder rechteckig, weil die Aufnahmesysteme traditionell so aufgebaut sind. Digitale Bilder stellen wir uns daher als eine Matrix mit MxN Bildpunkten (Pixel) vor:

$$I = \begin{bmatrix} I_{m,n} \end{bmatrix} \quad \text{mit} \quad 0 \leq m < M \quad \text{und} \quad 0 \leq n < N.$$

Dabei ist M die Anzahl der Zeilen und N die Anzahl der Spalten des Bildes I. Die Elemente $I_{m,n}$ heißen Pixel (picture elements) und geben z.B. den Grauwert oder die Farbe des Bildpunktes an der Stelle (m,n) an.

Die Anordnung der Pixel in Matrixform ist zunächst eine Modellvorstellung von diesem Datentyp. Oft werden Bilder wie gewöhnliche Matrizen zeilenweise im Arbeitsspeicher abgelegt. Es können aber auch andere Speicherungsformen verwendet werden, wenn die Verarbeitung dies erfordert, z.B. Baumstrukturen. Darauf gehen wir in einem späteren Abschnitt genauer ein.

Rasterung

Je kleiner die einem Pixel zugeordneten Elementarbereiche bei der Aufnahme sind, desto höher ist die Auflösung der Aufnahme. Andererseits hat dies eine größere Anzahl von Pixeln und somit einen höheren Aufwand bei der Verarbeitung und bei der Speicherung zur Folge. Es ist daher stets das Ziel, eine ausreichende Bildqualität bei minimaler Abtastrate zu erreichen. Die Abbildung 2.1 zeigt, wie die Bildqualität mit zunehmender Auflösung besser wird.

Quantisierung

Neben der räumlichen Diskretisierung eines Bildes muß auch der Grau- bzw. Farbwert eines jeden Pixel diskretisiert werden. Das Aufnahmesystem mittelt die Helligkeit über die Elementarzelle, die einem Pixel zugeordnet ist, und bildet das Ergebnis auf eine Skala mit 256 oder mehr Stufen je Kanal ab. Wird ein Binärbild aufgezeichnet, dann hat die Skala nur zwei Werte.

Zusammenhang zwischen Rasterung und Quantisierung

Bei konstantem Speicherplatz für ein Bild liegt ein enger Zusammenhang zwischen Rasterung und Quantisierung vor. 1 K Byte fassen z.B.:

> 64×64 Pixel mit 4 Graustufen, also 4092×2 Bit, oder
> 32×32 Pixel mit 256 Graustufen, also 1024×8 Bit.

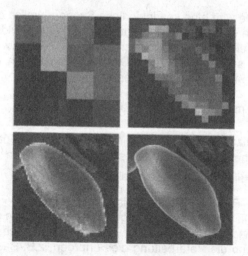

Abb. 2.1   Unterschiedliche Auflösungen bei der Bildaufnahme:
             a) 4×4, b) 16×16, c) 64×64, d) 256×256 Pixel

Bei zu grober Rasterung können wesentliche Bildinformationen verlorengehen. Dies kann entweder durch höher auflösende Rasterung oder durch feinere Quantisierung vermieden werden, wie Abbildung 2.2 zeigt:

- Das Originalzeichen "e" ist unter 2.2a dargestellt.

- Wird die Rasterung zu grob gewählt, dann wird bei binärer Quantisierung die topologische Struktur des Zeichens "e" zerstört (2.2b).

- Eine feinere Rasterung liefert ein korrekt digitalisiertes Zeichen "e" (2.2c).

- Statt einer feineren räumlichen Digitalisierung können wir aber auch eine höhere Auflösung bei der Quantisierung verwenden und erreichen damit ebenfalls ein brauchbares Ergebnis, wie in Abbildung 2.2d zu sehen ist.

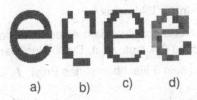

a)   b)   c)   d)

Abb. 2.2   Zusammenhang zwischen Rasterung und Quantisierung:
a) Originalzeichen, b) grob binär digitalisiertes Zeichen, c) feiner binär digitalisiertes Zeichen, d) Digitalisierung mit grober Rasterung, aber mit feinerer Quantisierung

Aliasing

Wie wir gesehen haben, können durch eine zu grobe Rasterung Bildinformationen bei der Digitalisierung verlorengehen. Es entstehen sogar zusätzliche periodische Bildstörungen, die in der Vorlage nicht vorhanden waren. Solche Effekte sind als *Aliasing* bekannt. Ein Beispiel dafür zeigt Abbildung 2.3. Wenn ein horizontales Gitter aus Linien gleichen Abstands mit zu geringer Auflösung abgetastet wird, dann erhält man periodische Störungen.

Die Signaltheorie macht mit dem Shannon' schen Abtasttheorem Aussagen dazu, wie genau wir eine Vorlage abtasten müssen, um Digitalisierungsfehler zu vermeiden: Die Abtastfrequenz muß demnach mindestens doppelt so groß sein, wie die größte, im Spektrum auftretende Frequenz.

Für die Praxis folgt daraus, daß auf jede Struktur in einem Bild, etwa eine Linie, mindestens zwei digitalisierte Bildpunkte kommen müssen. Wenn wir also eine Zeichnung aufnehmen wollen, die Linien mit einer Strichstärke von 0,2 mm enthält, dann sollten wir diese mit mindestens 300 dpi (dots per inch) scannen: Zwei Abtastpunkte je 0,2 mm entsprechen 254 Abtastpunkten je Zoll; die nächst höhere Auflösung beträgt bei Scannern üblicherweise 300 dpi.

Abb. 2.3   Aliasing-Effekte durch zu grobe Abtastung feiner Strukturen

Nachbarschaftsrelationen in der Bildmatrix

Zur eindeutigen Identifizierung der Nachbarn eines Pixel denken wir uns diese so numeriert, wie die Abbildung 2.4 dies zeigt. Der 0-Nachbar eines Pixel $I_{m,n}$ ist also das Pixel $I_{m,n+1}$, und sein 6-Nachbar ist das Pixel $I_{m+1,n}$.

Die *direkten* Nachbarn von $I_{m,n}$ sind diejenigen Pixel, die eine gemeinsame Kante mit $I_{m,n}$ haben, also die 0-, 2-, 4- und 6-Nachbarn. Die indirekten Nachbarn von $I_{m,n}$ sind dann die 1-, 3-, 5- und 7-Nachbarn.

Abb. 2.4   Die Nachbarn eines Pixel in der Bildmatrix

Den Abstand zweier Pixel in der Bildmatrix kann man mit verschiedenen Normen messen, z.B.

- der euklidischen Norm: $d(I_{m,n}, I_{p,q}) = \sqrt{(m-p)^2 + (n-q)^2}$,
- der Maximum-Norm: $d(I_{m,n}, I_{p,q}) = \max(|m-p|, |n-q|)$.

2.2   Globale Charakterisierung von Bildern

Digitalisierte Bilder sind zweidimensionale, diskrete Funktionen. Jeder Bildpunkt der Bildmatrix ist durch einen Pixelwert charakterisiert. Im Fall normaler Graustufenbilder ist dieser Pixelwert eine skalare Größe und gibt die Helligkeit an. Im Fall von RGB-Farbbildern dagegen ist er ein dreidimensionaler Vektor, dessen Komponenten die Intensitäten der drei Farbkanäle beschreiben. In vielen Anwendungsfeldern können die Pixelwerte aber auch ganz anders interpretiert werden, z.B. als Temperaturverteilung, Materialspannung, elektrische Feldverteilung usw.

Wir setzen im folgenden Abschnitt der Einfachheit halber Graustufenbilder voraus mit einer Pixeltiefe von 8 Bit, also 256 verschiedenen Intensitätswerten:

$$I = \left[I_{m,n} \right] \quad \text{mit} \quad 0 \le m < M, \quad 0 \le n < N \quad \text{und} \quad 0 \le I_{m,n} < 256$$

und betrachten dafür Kenngrößen, die den Bildinhalt global charakterisieren.

Mittlerer Grauwert

Der Mittelwert aus den Grauwerten aller Pixel eines Bildes gibt Auskunft über seine allgemeine Helligkeit, also darüber, ob ein Bild bei der visuellen Beurteilung als insgesamt zu hell oder als zu dunkel empfunden wird. Er ist definiert durch:

$$m_I = \frac{1}{M*N} * \sum_m \sum_n I_{m,n}.$$

Die folgenden Beispiele zeigen, daß der mittlere Grauwert in vielen Fällen eine nützliche Charakterisierung von Bildern liefert, jedoch manchmal auch mit Vorsicht betrachtet werden muß:

- für ein homogenes Bild I mittlerer Helligkeit ist $m_I = 127$,
- für ein stark unterbelichtetes Bild I ist $m_I \ll 127$,
- für ein stark überbelichtetes Bild I ist $m_I \gg 127$,
- für ein schwarz-weißes Schachbrettmuster I ist $m_I = 127$,
- der Mittelwert des Bildes 2.1d ist $m_I = 76{,}6$.

Varianz

Als Varianz oder mittlere quadratische Abweichung bezeichnet man in der Statistik die Größe

$$q_I = \frac{1}{M*N} * \sum_m \sum_n \left(I_{m,n} - m_I \right)^2.$$

Die Varianz eines Bildes ist ein globales Maß für die Abweichungen der Grauwerte aller Pixel vom mittleren Grauwert m_I. Sie beschreibt somit den Kontrast eines Bildes. Für einige typische Bilder betrachten wir im folgenden ihre Varianz:

- für ein homogenes Graubild beliebiger Helligkeit ist $q_I = 0$.
- Bei einem schwarz-weißen Schachbrettmuster beliebiger Größe erhalten wir die Varianz

$$q_I = \frac{1}{M * N} * \sum_m \sum_n (I_{m,n} - 127.5)^2 = 127.5^2 = 16.256,25 \ .$$

- Die Varianz von Bild 2.1d beträgt $q_I = 3.435,6$.

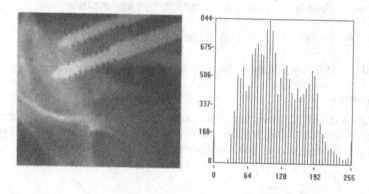

Abb. 2.5   Grauwerte-Histogramm eines Bildes

Histogramme

Während Mittelwert und Varianz nur globale, statistische Aussagen über ein Bild darstellen, liefert das Grauwert-Histogramm genaue Informationen über den quantitativen Anteil der einzelnen Grauwerte.

Für jeden Grauwert g aus der Grauwertmenge G eines Bildes I gibt das Histogramm seine absolute oder relative Häufigkeit $p_I (g)$ im Bild I an. Es ist also

$$0 \le p_I (g) \le 1$$

und

$$\sum_{g \in G} p_I (g) = 1 \ .$$

Histogramme geben keine Auskunft über die räumliche Verteilung der Grauwerte im Bild. Sie werden als Zahlentabelle oder als Balkendiagramm dargestellt (siehe Abbildung 2.5).

Es folgen weitere Beispiele zu Histogrammen und ihren Eigenschaften:

– Ein homogenes Bild besitzt einen einzigen Grauwert $g_0 \in G$. Somit erhalten wir
für g_0 $p_I(g_0) = 1$
und für alle anderen Grauwerte g' $p_I(g') = 0$.

– Ein dunkles, kontrastarmes Bild besitzt für niedrige Grauwerte g, die den dunklen Bildpartien entsprechen, hohe Werte $p_I(g)$.

– In einem Bild mit ausgewogener Helligkeit und gutem Kontrast kommen alle Grauwerte g etwa gleich häufig vor. Wir erhalten dafür im Idealfall also etwa $p_I(g) = 1/256$.

– Ein schwarz-weißes Schachbrett enthält die Pixelwerte schwarz und weiß gleich häufig. Es ist dafür

$$p_I(0) = 0.5,$$
$$p_I(255) = 0.5,$$
$$p_I(g) = 0 \quad \text{für alle anderen Grauwerte } g .$$

– Ein Bild, dessen eine Hälfte schwarz und dessen andere weiß ist, hat das gleiche Histogramm wie das obige Schachbrett !

Grauwertprofil

Für viele Anwendungen ist es nützlich, die Grauwerte entlang einer Linie durch das Bild zu kennen. Ein solches Grauwertprofil gibt zu jedem Punkt auf der Linie den dort gemessenen Grauwert an (Abbildung 2.6). Im Gegensatz zum Histogramm enthält es daher auch Ortsinformation.

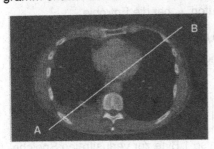
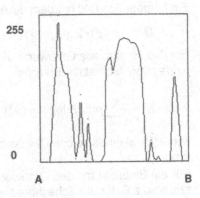

Abb. 2.6   Grauwerte-Profil entlang einer Schnittlinie

Relative Summenhäufigkeiten

Im Zusammenhang mit Verfahren zum Histogramm-Ausgleich wird als charakteristische Kenngröße die folgende Summe verwendet, die man als relative Summenhäufigkeit eines Bildes I bezeichnet:

$$h_I(g) = \sum_{g' \leq g} p_I(g') .$$

Wegen $0 \leq p_I(g) \leq 1$ ist die Funktion $h_I(g)$ monoton wachsend, und es gilt stets $0 \leq h_I(g) \leq 1$. Der Wert $h_I(g)$ gibt also an, wie hoch der Anteil der Grauwerte unterhalb von g ist.

Entropie

Die Entropie ist ein Maß für den mittleren Informationsgehalt eines Bildes. Sie ist definiert durch den folgenden Ausdruck:

$$H = -\sum_{g \in G} p_I(g) * \log_2(p_I(g)) .$$

Der Betrag der Entropie H gibt Auskunft über die minimale Anzahl von Bits, die zur Speicherung eines Pixel im Bild I erforderlich sind, und damit auch darüber, ob mit Komprimierungstechniken eine Reduktion des Speicherplatzbedarfs erreicht werden kann.

Die folgenden Beispiele geben die Entropie von Bildern für charakteristische Fälle an:

- Ein homogenes Bild mit dem einzigen Grauton g hat die Entropie

$$H = -p_I(g) * \log_2(p_I(g)) = -1 * \log_2(1) = 0 .$$

- Ein Bild, in dem alle Grauwerte gleich häufig vertreten sind, für das also $p_I(g) = 1/256$ ist, hat die Entropie

$$H = -\sum_{g \in G} p_I(g) * \log_2(p_I(g)) = -256 * \left[\left(\frac{1}{256} \right) * (-8) \right] = 8 .$$

Jedes Pixel eines solchen Bildes benötigt also 1 Byte zur verlustfreien Speicherung.

- Für ein Binärbild mit den Grauwerten g_1 und g_2, die beide gleich häufig auftreten, also z.B. für ein Schachbrett- oder Streifenmuster, ist:

$$p_I(g_1) = 0.5 \quad \text{und} \quad p_I(g_2) = 0.5 .$$

Die Entropie eines solchen Bildes ist daher

$$H = -\ p_I(g_1) * \log_2(g_1)) -\ p_I(g_2) * \log_2(g_2)),$$

$$H = -\ 0.5 * \log_2(0.5)) -\ 0.5 * \log_2(0.5)) = 1.$$

Der minimale Speicherbedarf beträgt also 1 Bit pro Bildpunkt unter der Voraussetzung, daß keine zusätzlichen Informationen über das Bild vorliegen.

– Handelt es sich um ein Binärbild mit unterschiedlichen schwarzen und weißen Anteilen, z.B.

$$p_I(g_1) = 0.75 \quad \text{und} \quad p_I(g_2) = 0.25,$$

so ist seine Entropie $H = -\ 0.75 * \log_2(0.75)) -\ 0.25 * \log_2(0.25))$, also

$$H = -0.75 * (-0.42) - 0.25 * (-2) = 0.82.$$

Dem entnehmen wir, daß in diesem Fall zur verlustfreien Speicherung weniger als 1 Bit pro Pixel genügen würde. Erreicht wird dies durch geeignete Bildkomprimierungsverfahren.

– Die Entropie von Bild 2.6a beträgt $H = 3.9$.

2.3   Datenstrukturen für Bilder

Wir betrachten in diesem Abschnitt Datenstrukturen zur Speicherung von Bildern im Arbeitsspeicher. Ein Pixel-Array ist nicht in allen Fällen dafür am besten geeignet, insbesondere dann, wenn Bildverarbeitungsalgorithmen die besonderen Eigenschaften von Datenstrukturen ausnutzen können. Wir werden im folgenden verschiedene Datenstrukturen für Bilder kennenlernen und typische Verarbeitungsmethoden, die auf ihnen aufbauen.

2.3.1   Lauflängencodes

Lauflängen-Codierung wird an vielen Stellen angewandt, z.B. im weiter unten besprochenen PCX-Dateiformat. Im folgenden besprechen wir die grundsätzlichen Ansätze dabei: Die Pixel einer Zeile eines Binärbildes können wir zu Blöcken zusammenfassen, die entweder nur 0-Pixel oder nur 1-Pixel enthalten. Die folgende Pixelzeile

$$0\ 0\ 0\ 1\ 1\ 1\ 1\ 0\ 0\ 0\ 0\ 0\ 1\ 1\ 1\ 1\ 1\ 1\ 0\ 0\ 0\ 0\ 0\ 0\ 0\ 0\ 1\ 1\ 1\ 1\ 1\ 1\ 1\ 1$$

zerlegen wir eine Folge von 0-Blöcken und 1-Blöcken. Diese läßt sich in unterschiedlicher Weise speichern:

Methode 1

Wir speichern zu jedem Block seine Länge und seinen Grauwert und erhalten dann statt der obigen Zeile zunächst die Folge

$$(3,0) \quad (4,1) \quad (5,0) \quad (6,1) \quad (7,0) \quad (8,1).$$

Zusätzlich vereinbaren wir, daß die Grauwerte aufeinanderfolgender Blöcke alternieren und zuerst immer ein 0-Block angegeben wird. Dieser hat die Länge 0, falls das erste Pixel tatsächlich ein 1-Pixel ist. Somit genügt es, nur die Blocklängen anzugeben, in unserem Beispiel also

$$3 \quad 4 \quad 5 \quad 6 \quad 7 \quad 8.$$

In der Regel steht für die Längenangabe nur eine feste Anzahl von Bits zur Verfügung, z.B. ein Byte. Ist eine Blocklänge dafür zu groß, dann spalten wir den Block auf und schieben Blöcke der Länge 0 von der anderen Farbe ein. Ein 1-Block der Länge 280 besteht dann z.B. aus den folgenden drei Blöcken:

$$255 \quad 0 \quad 25.$$

Methode 2

Eine andere Methode speichert die Position und Länge der 1-Blöcke eines Bildes. Für dieselbe Pixelzeile wie oben erhalten wir dann die Darstellung:

$$(3,4) \quad (12,6) \quad (25,8).$$

Bildkompression mit Lauflängen-Codierung

Am häufigsten werden Verfahren zur Lauflängen-Codierung im Zusammenhang mit der komprimierten Speicherung und Übertragung von Bildern verwendet. Die Speicherplatz-Einsparung hängt dabei sehr stark von der Art des Bildmaterials ab. In ungünstigen Fällen benötigt man für ein so codiertes Bild sogar mehr Platz. Man rechnet mit den folgenden Durchschnittswerten:

- großflächige Binärbilder: 80% Reduktion,
- Strichzeichnungen: 40% Reduktion,
- detailreiche Bilder: keine Einsparung.

Bilder mit differenzierten Grau- oder Farb-Abstufungen, z.B. True Color-Bilder, enthalten nur kurze Blöcke mit identischen Pixelwerten. Für diese ist deshalb mit einfacher Lauflängencodierung keine optimale Einsparung zu erreichen. Es kann im Gegenteil ein höherer Platzbedarf erforderlich sein.

Codierung der topologischen Struktur von Objekten

Die Blöcke eines Lauflängencode repräsentieren zusammenhängende Objektbereiche einer Zeile. Den Zusammenhang solcher Bereiche über die Zeile hinaus kann man durch eine übergeordnete Graphenstruktur angeben. Dabei werden

1-Blöcke aus aufeinanderfolgenden Bildzeilen durch Kanten des Graphen verbunden, wenn sie gemeinsame Pixelkanten haben. Das folgende Beispiel zeigt dies für ein ringförmiges Objekt:

Bildmatrix:

	0	1	2	3	4	5	6	7	8	9	Lauflängencodes der Zeilen:
0	0	0	0	0	0	0	0	0	0	0	
1	0	0	0	1	1	1	1	0	0	0	(3,4)
2	0	0	1	1	1	1	1	1	0	0	(2,6)
3	0	1	1	0	0	0	0	1	1	0	(1,2) (7,2)
4	0	1	1	0	0	0	0	1	1	0	(1,2) (7,2)
5	0	0	1	1	1	1	1	1	0	0	(2,6)
6	0	0	0	1	1	1	1	0	0	0	(3,4)
7	0	0	0	0	0	0	0	0	0	0	

Überlagern wir der Lauflängen-Codierung einen Graphen, der den Zusammenhang von 1-Blöcken über die Zeilen hinweg beschreibt, dann erhalten wir die folgende Datenstruktur für das Bild:

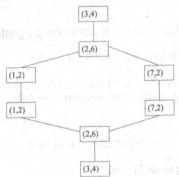

2.3.2 Richtungscodes

Richtungscodes eignen sich zur Darstellung von Linien in Binärbildern, also insbesondere von Strichzeichnungen und Flächenrändern. Wir geben die Richtung von einem Pixel p zu einem Nachbarpixel p' an durch die Positionsnummer, die p' als Nachbar von p besitzt:

3	2	1
4	p	0
5	6	7

Linien werden in Richtungscode-Notation dargestellt durch ihren Startpunkt und die Richtungen der aufeinanderfolgenden Pixel in ihr.

Das folgende Beispiel gibt den Richtungscode an für den Rand des v-förmigen Objekts. Dabei wird das Pixel auf der Position (1,1) als Startpunkt benutzt:

	0	1	2	3	4	5	6	7	8	9
0	0	0	0	0	0	0	0	0	0	0
1	0	1	1	1	0	0	1	1	1	0
2	0	1	1	1	0	0	1	1	1	0
3	0	1	1	1	0	0	1	1	1	0
4	0	1	1	1	1	1	1	1	1	0
5	0	0	1	1	1	1	1	1	0	0
6	0	0	0	1	1	1	1	0	0	0
7	0	0	0	0	0	0	0	0	0	0

Der Richtungscode des Objektrandes in der oben dargestellten Bildmatrix ist:

[1,1] 6 6 6 7 7 0 0 0 1 1 2 2 2 4 4 6 6 5 4 3 2 2 4 4 .

Manche Operationen mit Bildern sind sehr einfach, wenn sie auf einem Bild in Richtungscode-Darstellung ausgeführt werden. Wir betrachten hier einige davon:

Translation einer Fläche

Diese Operation legt nur einen neuen Startpunkt fest.

Länge einer Linie / Umfang einer Fläche

Mit der euklidischen Distanz als Längenmaß ergibt sich die Länge einer Linie zu:

[Anzahl gerader Richtungscodes] + [Anzahl ungerader Richtungscodes] $* \sqrt{2}$.

Drehung um Vielfache von 45°

Dazu sind alle Richtungscodes einer Linie um eine Konstante k zu erhöhen, wobei *modulo* 8 zu rechnen ist. Der Richtungscode des obigen Objektrandes wird nach einer Drehung um 90° gegen den Uhrzeigersinn um den Startpunkt zu:

[1,1] 0 0 0 1 1 2 2 2 3 3 4 4 4 6 6 0 0 7 6 5 4 4 6 6 .

Höhe und Breite einer Fläche

Um die Höhe und Breite einer Fläche zu bestimmen, stellen wir zunächst eine Tabelle auf, die jedem Richtungscode die Änderung der Zeilen- und Spaltenposition zuordnet, wenn wir zum Nachbarpixel in seiner Richtung fortschreiten (Distanzvektor):

0	1	2	3	4	5	6	7
(0,1)	(-1,1)	(-1,0)	(-1,-1)	(0,-1)	(1,-1)	(1,0)	(1,1)

Zu einem Flächenrand mit dem Richtungscode

$$[x_0, y_0] \quad c_0\, c_1\, c_2 \dots c_n$$

bestimmen wir die zugeordnete Folge von Distanzvektoren:

$$(d_{0x}, d_{0y})\, (d_{1x}, d_{1y})\, (d_{2x}, d_{2y}) \dots (d_{nx}, d_{ny}).$$

Damit bilden wir die Summen

$$z_j = \sum_{i=0}^{j} d_{ix} + x_0 \quad \text{und} \quad s_j = \sum_{i=0}^{j} d_{iy} + y_0.$$

Diese geben die beim j-ten Randpixel erreichte Zeilen/Spalten-Position im Bild an. Die Höhe und Breite des Objekts ist somit:

$$H = max\{ z_j \} - min\{ z_j \} + 1,$$
$$B = max\{ s_j \} - min\{ s_j \} + 1.$$

Für das folgende binäre Objekt bestimmen wir nun Höhe und Breite:

	0	1	2	3	4	5	6	7	8	9
0	0	0	0	0	0	0	0	0	0	0
1	0	1	1	1	0	0	0	0	0	0
2	0	0	1	1	1	0	0	0	0	0
3	0	0	0	1	1	1	0	0	0	0
4	0	0	0	0	1	1	1	0	0	0
5	0	0	0	0	0	1	1	1	0	0
6	0	0	0	0	0	0	1	1	1	0
7	0	0	0	0	0	0	0	0	0	0

Der Richtungscode des Randes ist zunächst:

$$[1,1]\ 7\ 7\ 7\ 7\ 7\ 0\ 0\ 3\ 3\ 3\ 3\ 3\ 4\ 4.$$

Es ergeben sich daraus die folgenden Werte für z_j bzw. s_j

$$z_j = 2, 3, 4, 5, 6, 6, 6, 5, 4, 3, 2, 1, 1, 1.$$

$$s_j = 2, 3, 4, 5, 6, 7, 8, 7, 6, 5, 4, 3, 2, 1.$$

Daraus entnehmen wir für die Höhe bzw. die Breite des Objekts:

$$H = 6 - 1 + 1 = 6,$$

$$B = 8 - 1 + 1 = 8.$$

Konvexe Objekte

Die diskrete Geometrie kennt verschiedene Definitionen des Konvexitätsbegriffes. Eine davon basiert auf Richtungscodes und bezeichnet eine Fläche als konvex, wenn die Richtungscodes ihrer Randkurve beim Durchlaufen gegen den Uhrzeigersinn eine (*modulo* 8) monoton wachsende Folge bilden. In diesem Sinn ist das folgende Objekt konvex:

	0	1	2	3	4	5	6	7	8	9
0	0	0	0	0	0	0	0	0	0	0
1	0	1	1	1	1	1	1	1	1	0
2	0	1	1	1	1	1	1	1	1	0
3	0	1	1	1	1	1	1	1	1	0
4	0	1	1	1	1	1	1	1	1	0
5	0	0	1	1	1	1	1	1	0	0
6	0	0	0	1	1	1	1	0	0	0
7	0	0	0	0	0	0	0	0	0	0

Die Randlinie hat nämlich die Gestalt:

$$[1,1]\ 6\ 6\ 6\ 7\ 7\ 0\ 0\ 0\ 1\ 1\ 2\ 2\ 2\ 4\ 4\ 4\ 4\ 4\ 4\ 4.$$

Konvexe Hülle eines Objekts

In vielen Anwendungen kann man die Lage und Orientierung von Objekten dadurch abschätzen, daß man das umschreibende Achteck bestimmt. Es stellt im diskreten Bild die kleinste konvexe Figur dar, in der das Objekt enthalten ist.

Die Konvexitätsforderung ermöglicht eine kompakte Darstellung solcher Achtecke: Als Startpunkt verwendet man z.B. die linke untere Ecke. Wenn wir die Kontur gegen den Uhrzeigersinn durchlaufen, dann besitzen die Seiten des Achtecks stets die Richtungscodes 0, 1, 2, 3, 4, 5, 6 und 7. Damit genügt es, nur den Startpunkt und die Längen der acht Seiten zu speichern. Das folgende Beispiel demonstriert dies:

	0	1	2	3	4	5	6	7	8	9
0	0	0	0	0	0	0	0	0	0	0
1	0	0	0	1	0	0	1	0	0	0
2	0	0	0	1	0	0	1	0	0	0
3	0	1	1	1	1	1	1	1	1	0
4	0	1	1	1	1	1	1	1	1	0
5	0	0	0	0	1	1	0	0	0	0
6	0	0	0	0	1	1	0	0	0	0
7	0	0	0	0	0	0	0	0	0	0

Die dunkel unterlegte Figur stellt das ursprüngliche Objekt dar mit den Pixelwerten 1. Das umschreibende Achteck entsteht, wenn die heller gerasterten Pixel hinzugenommen werden. Es besitzt den Richtungscode

[6,3] 0 0 0 1 1 2 3 3 4 4 4 5 5 6 7 7

und läßt sich dann angeben durch die Folge der Kantenlängen

[6,3] 3 2 1 2 3 2 1 2.

2.3.3 Baumstrukturen

Die in einem Bild vorhandene Information kann in verschiedener Weise als Baum dargestellt werden. Dabei können Aspekte der Datenkompression im Vordergrund stehen oder besondere Bildverarbeitungsverfahren, welche auf die Eigenschaften dieser Datenstrukturen zurückgreifen. Die beiden wichtigsten Strukturen in diesem Zusammenhang sind Quad-Trees und Pyramiden.

Quad-Trees

Der einem homogenen Bild zugeordnete Baum besteht nur aus der Wurzel, und diese enthält den gemeinsamen Grauwert aller Pixel des Bildes. Inhomogene Bilder zerlegen wir zunächst in vier Quadranten, und die Wurzel des Baumes erhält zu jedem Quadranten einen Nachfolgerknoten, der wie folgt belegt wird:

- Für einen homogenen Quadranten ist der zugeordnete Knoten Endknoten im Baum und enthält den Grauwert des Quadranten.

- Ein inhomogener Quadrant wird wieder in vier gleiche Teile unterteilt, und sein Knoten (mit $\otimes$ bezeichnet) erhält nach derselben Vorschrift vier Nachfolgerknoten.

Für die Nachfolgerknoten und ihre Teilbilder verfahren wir entsprechend.

Das folgende Binärbild wird auf der nächsten Seite durch eine Quad-Tree-Struktur repräsentiert:

	0	1	2	3	4	5	6	7
0	0	0	0	0	0	0	0	0
1	0	0	0	1	0	0	0	0
2	0	0	1	1	1	0	0	0
3	0	1	1	1	1	1	0	0
4	1	1	1	1	1	1	1	0
5	0	1	1	1	1	1	0	0
6	0	0	0	1	0	0	0	0
7	0	0	0	1	0	0	0	0

Die Ebene L_3 des Baumes enthält seine Wurzel, die Ebene L_2 entspricht einer Unterteilung des gesamten Bildes in vier Quadranten. Die Knoten auf der Ebene L_0 beschreiben einzelne Pixel.

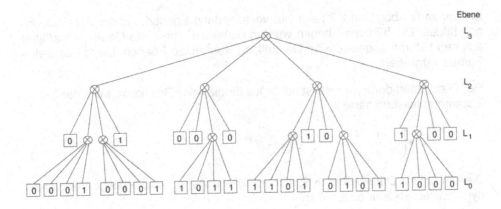

Die Zuordnung der Quadranten zu den Nachfolgerknoten erfolgte dabei nach dem folgenden Schema:

1. Knoten	2. Knoten
3. Knoten	4. Knoten

Pyramiden

Pyramiden sind ebenfalls eine Baumstruktur zur Darstellung von Bildern. Die einzelnen Ebenen des Baumes speichern dabei die Bildinformation mit wachsender räumlicher Auflösung. Wir nehmen dafür an, daß Bilder mit der Kantenlänge $N=2^k$ vorliegen. Der zugeordnete Baum hat dann $k+1$ Ebenen und enthält die folgenden Informationen:

– Die Knoten der untersten Ebene L_0 repräsentieren die Bildpunkte und enthalten deren Grau- oder Farbwert.

– Auf der nächsthöheren Ebene Ebene L_1 repräsentiert ein Knoten je vier Knoten der Ebene L_0. Dies entspricht einer Abtastung des Bildes mit einem doppelt so großen Rasterabstand. Die Knotenwerte erhält man durch Tiefpaßfilterung aus den Knoten der darunterliegenden Ebene, z.B. mit einem Gaußfilter (s. Kapitel 5).

– Die höheren Ebenen des Baumes werden nach dem selben Schema aus der jeweils darunterliegenden gewonnen. Die Ebene L_k ist dann die Wurzel des Baumes.

Die folgende Abbildung 2.7 zeigt vier verschiedene Ebenen aus der Pyramide eines Bildes. Die höheren Ebenen wurden dabei mit einem 3x3-Gauß-Tiefpaßfilter aus den tieferen abgeleitet. Zur Darstellung wurden die Ebenen alle auf dasselbe Format vergrößert.

Der Platzbedarf der Pyramide ist höher als für die reine Bildmatrix, bei einer 2*2-Zusammenfassung nämlich

$$N^2 * \left(1 + \frac{1}{4} + \frac{1}{16} + \ldots + \frac{1}{N^2} \right) = \frac{4}{3} N^2 .$$

Diesem um ein Drittel höheren Speicheraufwand stehen aber wichtige Vorteile der pyramidalen Struktur gegenüber:

– Die Bildinformation steht gleichzeitig in unterschiedlichen Auflösungsstufen zur Verfügung. Damit können lokale Operatoren auch von globalen Informationen gesteuert werden. Sie sind dann z.B. weniger anfällig gegen Rauschstörungen.

– Filter-Operationen können wesentlich beschleunigt werden, wenn man statt mit größeren Filtermasken auf dem Originalbild mit kleineren Masken auf den höheren Ebenen der Pyramide arbeiten kann.

Abb. 2.7:   Vier Ebenen der Gauß-Pyramide eines Bildes.
            Die höheren Ebenen sind auf das Originalformat zurückvergrößert

2.4 Bilddateien

Zur Archivierung von Bildern auf Externspeichern hat sich eine unübersehbare Vielfalt von Dateiformaten entwickelt. Eine Standardisierung ist bisher nicht in Sicht. Nur wenige Formate sind aufgrund ihrer Verbreitung als weithin akzeptierter Quasi-Standard anzusehen. Grundsätzlich sind drei unterschiedliche Speicherungstechniken für Bilder zu unterscheiden:

Vektorielle Formate

Dabei wird die Bildinformation objektbezogen abgespeichert: Ein Polygon wird dabei z.B. spezifiziert durch seine Stützpunkte und globale Attribute wie Linientyp und Linienfarbe. Flächen werden charakterisiert durch ihr Randpolygon und Attribute wie Füllfarbe und Transparenz. Bilder, die als Vektor-Bilder vorliegen, benötigen wenig Speicherplatz, und ihre Objekte können nachträglich leicht verändert werden. Vektorielle Formate eignen sich gut für Zeichnungen. Bekannte Vektorformate sind:

- das DXF-Format: Autodesk-Drawing Exchange-Format,
- das CDR-Format: Corel Draw-Format,
- das HPGL-Format: Plotter-Steuersprache für HP-kompatible Plotter.

Metafile-Formate

Bei Metafile-Formaten wird die Bild-Information in einer Beschreibungssprache niedergelegt. Sie eignen sich gut für den Datenaustausch oder zur Bildausgabe. In diese Kategorie fallen u.a. die folgenden Dateiformate:

- das WMF-Format: Windows Metafile-Format,
- das CGM-Format: Computer Graphics Metafile-Format,
- PS- und EPS-Format: Postskript- / Encapsulated Postskript-Format.

Pixel-Formate

Bildpunkt-orientierte Dateiformate sind für die Bildverarbeitung die weitaus wichtigste Speicherungsform für Bilder und in vielen Fällen auch die einzig mögliche. Da sie oft sehr viel Speicherplatz benötigen, spielen Kompressionstechniken eine wichtige Rolle. Neben der Einsparung von Speicherplatz ist die Verringerung der notwendigen Übertragungsbandbreite ein wichtiges Ziel für die Bildkompression, insbesondere bei der Übertragung von Bildern über Netze und beim Abspielen digitaler Filme von Plattenspeichern. Man unterscheidet

- unkomprimierte Formate,
- Formate mit verlustloser Kompression und
- Formate mit verlustbehafteter Kompression.

Manche Dateiformate, z.B. das TIF-Format, ermöglichen unterschiedliche Kompressionstechniken; bei verlustbehafteten Formaten ist die Bildqualität durch Parameter steuerbar. Wir betrachten im folgenden exemplarisch die folgenden Dateiformate, die eine weite Verbreitung gefunden haben:

- das PCX-Format,
- das BMP-Format,
- das TIF-Format,
- das JPEG-Format.

2.4.1   Das PCX-Format

Das PCX-Format wurde ursprünglich von Z-Soft entwickelt und wird heute von zahlreichen Graphikprogrammen unterstützt. In seiner Versionsgeschichte spiegelt sich auch die Entwicklung der Graphik-Fähigkeiten der Rechner: Während die PCX-Version 0 nur monochrome und vierfabige Bilder speichern konnte, unterstützt das PCX-Format in der Version 5 Palettenbilder mit 256 Farben und RGB-Bilder mit 16,7 Millionen Farben.

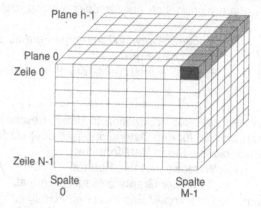

Abb. 2.8   Ebenen-Struktur eines Bildes

Das PCX-Format verwendet eine einfache Lauflängen-Codierung, also eine verlustlose Komprimierung. Es ist einfach zu lesen und zu schreiben, aber die erreichbaren Kompressionsraten sind nicht sehr hoch.

Um das PCX-Format zu verstehen, stellen wir uns ein Bild mit N Zeilen, M Spalten und einer Pixeltiefe von h Bit als einen Würfel vor mit $M*N*h$ Elementarzellen (s. Abbildung 2.8). Eine PCX-Datei besteht entsprechend diesem Modell aus bis zu drei Abschnitten:
- dem Header,
- den Bilddaten und
- der Farbpalette.

Während Header und Bilddaten immer vorhanden sind, kann die Farbpalette am Dateiende fehlen.

Der PCX-Header

Der 128 Byte lange Header einer PCX-Datei enthält globale Informationen über das Bild. Die Bedeutung der einzelnen Header-Felder ist der Tabelle 2.1 zu entnehmen. Jedes Feld besitzt eine eindeutige Position im Header. Felder, die länger als ein Byte sind, legen das höherwertige Byte an der höheren Speicheradresse ab.

Die PCX-Bilddaten

Im Bilddaten-Bereich einer PCX-Datei sind die Farbwerte der Pixel Zeile für Zeile abgespeichert, wobei die oberste Bildzeile zuerst abgelegt wird. Die Zeilen-Länge ist dem Header zu entnehmen, so daß keine Trennzeichen zwischen den Zeilen benötigt werden.

Für Palettenbilder mit 256 Farben wird pro Pixel 1 Byte benötigt. Bei Echtfarbenbildern werden für jede Zeile die drei Kanäle direkt nacheinander abgespeichert, zunächst alle Rot-Intensitäten, danach die Grün-Intensitäten dieser Zeile und schließlich die Blau-Werte.

Jede Zeile wird für sich komprimiert nach einem einfachen Schema: Für mehrere aufeinanderfolgende, gleiche Pixelwerte wird zunächst ein Wiederholungsfaktor in einem Zählerbyte abgelegt und im nächsten Byte der Pixelwert selbst. Zählerbytes sind dadurch gekennzeichnet, daß ihre beiden höchstwertigen Bits gesetzt sind. Der größtmögliche Wiederholungsfaktor ist somit 63.

Daraus folgt aber auch, daß Farbwerte, die größer als 192=X'C0' sind, immer mit einem Wiederholungsfaktor gespeichert werden und daher mindestens 2 Byte benötigen. Die Abbildung 2.9 zeigt das Verfahren zum Einlesen von PCX-Zeilen.

Die folgenden Beispiele verdeutlichen die Methode:

Pixelwerte (hexadezimal):	wird gespeichert als:
24 24 24 24 24 24 24	C7 24
C0	C0
C1	C1 C1
01 02 03 04	01 02 03 04

Die Tabelle 2.1 auf der nächsten Seite spezifiziert die Felder eines PCX-Header.

Adresse	Länge	Feldname	Bedeutung
0	1	Kennbyte	muß stets 10=X'0A' sein (Z-Soft)
1	1	Version	0 = Version 2.5 ohne Palette 2 = Version 2.8 mit Palette 3 = Version 2.8 ohne Palette 5 = Version 3.0 mit Palette
2	1	Kodierung	0 = keine Kompression 1 = Lauflängen-Kompression
3	1	Bits pro Pixel	1 = Schwarz/Weiß-Bild 2 = Farbbild mit 4 Farben 8 = Farbbild mit 256 oder 16,7 Mio Farben
4	8	Bildgröße	4 Werte mit je 2 Byte: left, top, right, bottom Bildhöhe = bottom - top +1 Bildbreite = right - left +1
12	2	horizontale Auflösung	Angaben in dpi für die Ausgabe
14	2	vertikale Auflösung	Angaben in dpi für die Ausgabe
16	48	Palette	Palette mit $3*16$ RGB-Einträgen
64	1	reserviert	immer 0
65	1	Farbebenen	bis zu 4 Ebenen möglich
66	2	Bytes/Zeile	Anzahl der Bytes pro Zeile in jeder Farbebene
68	2	Paletteninformation	1 = Farb-Paletten oder Schwarz/Weiß-Bild 2 = Graustufenbild oder RGB-Bild
70	2	horizontale Bildschirm-Größe	Anzahl von Bildpunkten -1
72	2	vertikale Bildschirm -Größe	Anzahl von Bildpunkten -1
74	54	reserviert	nicht verwendet

Tabelle 2.1   Aufbau eines PCX-Header

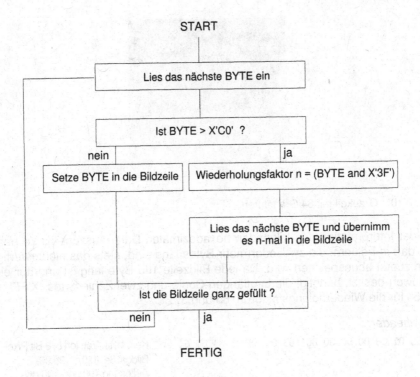

START

Lies das nächste BYTE ein

Ist BYTE > X'C0' ?

nein   ja

Setze BYTE in die Bildzeile   Wiederholungsfaktor n = (BYTE and X'3F')

Lies das nächste BYTE und übernimm
es n-mal in die Bildzeile

Ist die Bildzeile ganz gefüllt ?

nein   ja

FERTIG

Abb. 2.9   Verfahren zum Lesen von PCX-Zeilen

Die PCX-Farbtabelle

Ursprünglich war für die Farbtabelle eines Bildes nur ein 48 Byte langer Bereich im Header vorgesehen. Für Bilder mit 256-Farben-Palette wird diese an die Bilddaten angehängt. Sie ist mit der Distanz 3*256=768 Byte vom Dateiende her aufzufinden und wird durch ein Byte mit dem Wert X'0C' eingeleitet.

Beispiel einer PCX-Datei

Wir betrachten nun den Dateiinhalt eines Beispielbildes, das als PCX-Datei gespeichert wurde. Es wird dazu der in Abbildung 2.10 gezeigte, horizontale Graukeil zugrunde gelegt.

Abb. 2.10   Graukeil mit 64 Graustufen

Bei der Interpretation des folgenden hexadezimalen Datei-Auszugs ist zu beachten, daß in Feldern, die zwei oder mehr Bytes lang sind, stets das niederwertigste Byte zuerst abgespeichert wird. Da jede Bildzeile 100 Byte lang ist und nur einen Grauwert besitzt, benötigt die Lauflängen-Codierung zwei Zählerbytes X'FF' und X'E5' für die Wiederholungsfaktoren 63 und 37.

Dateiheader:

```
0A 05 01 08 00 00 00 00   63 00 63 00 64 00 64 00    Kennbyte, Version 5, 8 Bit/Pixel
                                                      Bildgröße: (0,0) .. (99,99)
                                                      Auflösung 100 dpi / 100 dpi

00 00 00 FC FC FC 0C 0C   0C 14 14 14 1C 1C 1C 20    16-Farben-Palette
20 20 28 28 28 30 30 30   38 38 38 3C 3C 3C 44 44
44 4C 4C 4C 54 54 54 5C   5C 5C 60 60 60 68 68 68
00 01 64 00 00 00 00 00   00 00 00 00 00 00 00 00    0, eine Farbebene, 100 Bytes/Zeile
00 00 00 00 00 00 00 00   00 00 00 00 00 00 00 00    Rest nicht verwendet
00 00 00 00 00 00 00 00   00 00 00 00 00 00 00 00
00 00 00 00 00 00 00 00   00 00 00 00 00 00 00 00
```

Bilddaten:

```
FF 00 E5 00 FF 24 E5 24   FF 24 E5 24 FF 2A E5 2A    Beginn der Bilddaten.
FF 02 E5 02 FF 02 E5 02   FF 25 E5 25 FF 03 E5 03
FF 03 E5 03 FF 35 E5 35   FF 04 E5 04 FF 04 E5 04
FF 05 E5 05 FF 05 E5 05   FF 2E E5 2E FF 06 E5 06

. . . . . . . . . . . . . . . . . . . . .

FF 36 E5 36 FF 1F E5 1F   FF 1F E5 1F FF 20 E5 20
FF 20 E5 20 FF 39 E5 39   FF 21 E5 21 FF 21 E5 21
FF 3B E5 3B FF 22 E5 22   FF 22 E5 22 FF 3D E5 3D
FF 23 E5 23 FF 23 E5 23   FF 01 E5 01 FF 01 E5 01    Ende der Bilddaten.
```

256-Farben-Tabelle:

```
0C 00 00 00 FC FC FC 0C   0C 0C 14 14 14 1C 1C 1C      Kennbyte X'0C', RGB-Werte
20 20 20 28 28 28 30 30   30 38 38 38 3C 3C 3C 44
44 44 4C 4C 4C 54 54 54   5C 5C 5C 60 60 60 68 68
68 70 70 70 78 78 78 7C   7C 7C 84 84 84 8C 8C 8C
. . . . . . . . . . . . . . . . . . . .

2C 2C EC EC EC 88 88 88   F4 F4 F4 50 50 50 90 90
90 00 00 00 00 00 00 00   00 00 00 00 00 00 00 00
00 00 00 00 00 00 00 00   00 00 00 00 00 00 00 00
00 00 00 00 00 00 00 00   00 00 00 00 00 00 00 00      Rest der Farbtabelle unbenutzt
```

. . . .

2.4.2   Das BMP-Format

Als Standard-Format unter Microsoft Windows für Pixel-Bilder hat das BMP-Format weite Verbreitung gefunden. Auch BMP-Dateien bestehen aus einem Header, einer Farbpalette und den Bilddaten.

Der BMP-Header

Der Header einer BMP-Datei wird unterteilt in einen Core-Header und einen Info-Header. Wärend der Core-Header immer angegeben werden muß, sind beim Info-Header nur die ersten 16 Bytes obligatorisch. Tabelle 2.2 zeigt den Aufbau des Core-Header und des Info-Header.

Core-Header:

Adresse	Länge	Feldname	Bedeutung
0	2	Dateityp	muß stets X'4D42' = 'BM' sein
2	4	Dateigröße	Größe der Bilddatei in Worten à 4 Bytes
6	2	reserviert	0
8	2	reserviert	0
10	4	Offset	Distanz der Bilddaten zum Dateianfang

Info-Header:

Adresse	Länge	Feldname	Bedeutung
0	4	Länge	Länge des Info-Header
4	4	Breite	Breite des Bildes in Pixel
8	4	Höhe	Höhe des Bildes in Pixel
12	2	Ebenen	stets 1
14	2	BitsproPixel	zulässige Werte sind 1, 4, 8 und 24
16	4	Komprimierung	sollte stets 0=unkomprimiert sein
20	4	Bildgröße	Anzahl von Bytes für die Bilddaten
24	4	horizontale Auflösung	in Pixel pro Meter angegeben
28	4	vertikale Auflösung	in Pixel pro Meter angegeben
32	4	Anzahl der Farben	Gesamtzahl verschiedener Farbtöne
36	4	Anzahl wichtiger Farben	Palette muß sortiert sein !

Tabelle 2.2:   Struktur eines BMP-Header

Die BMP-Farbtabelle

Die Farbtabelle folgt unmittelbar auf die Header-Information. Wenn die Anzahl wichtiger Farben kleiner ist als die Gesamtzahl der Paletteneinträge, dann müssen die wichtigen Farbtöne am Anfang der Palette stehen. Alle darüber hinaus vorhandenen Farbwerte werden durch ähnliche Farben approximiert.

Jeder Eintrag der Farbtabelle besteht aus 4 Byte, wobei die ersten drei Byte die Rot-, Grün- und Blau-Intensitäten angeben und der vierte Wert bisher nicht verwendet wird.

Die BMP-Bilddaten

Die Bilddaten werden zeilenweise abgelegt, wobei die unterste Zeile zuerst abgespeichert wird. Die Anzahl der Bytes einer Zeile muß ein Vielfaches von 4 sein. Innerhalb einer Zeile stehen die Pixelwerte von links nach rechts. Je nach der Zahl der Bits pro Pixel belegt ein Bildpunkt mindestens 1 Bit und höchstens 3 aufeinanderfolgende Bytes.

Beispiel einer BMP-Datei

Wir untersuchen nun, welchen Inhalt die BMP-Datei besitzt, die wir für den Graukeil der Abbildung 2.10 erhalten. Das Bild wurde als unkomprimiertes Palettenbild
gespeichert. Es ist wieder zu beachten, daß stets das niederwertigste Byte zuerst
abgespeichert wird.

Core-Header:

42 4D D2 0A 00 00 00 00 00 00 36 04 00 00   'BM', Dateigröße, Offset
                                                     der Bilddaten=X'436'

Info-Header:

                                            28 00   Info-Headerlänge=40 Byte,
00 00 64 00 00 00 64 00 00 00 01 00 08 00 00 00   100x100-Pixel, 1Plane, 8 Bit/Pixel
00 00 10 27 00 00 00 00 00 00 00 00 00 00 00 00   unkompr, X'2710'=10000 Byte,
00 00 00 00 00 00   Rest hier nicht benutzt

Farbtabelle:

                        00 00 00 00 00 00 BF 00 00 BF   4 Byte je Tabellenposition
00 00 00 BF BF 00 BF 00 00 00 BF 00 BF 00 BF BF
00 00 C0 C0 C0 00 C0 DC C0 00 F0 C8 A4 00 04 04
04 00 08 08 08 00 0C 0C 0C 00 10 10 10 00 14 14

. . . .

00 00 00 00 00 00 00 00 00 00 00 00 00 00 00 00
00 00 00 00 00 00 00 00 00 00 00 00 00 00 F0 FB
FF 00 A4 A0 A0 00 80 80 80 00 00 00 FF 00 00 FF
00 00 00 FF FF 00 FF 00 00 00 FF 00 FF 00 FF FF
00 00 FF FF FF 00

Bilddaten:

            46 46 46 46 46 46 46 46 46 46   unterste Zeile, alle Pixel weiß,
46 46 46 46 46 46 46 46 46 46 46 46 46 46 46 46   Index X'46'
46 46 46 46 46 46 46 46 46 46 46 46 46 46 46 46
46 46 46 46 46 46 46 46 46 46 46 46 46 46 46 46

. . . .

00 00 00 00 00 00 00 00 00 00 00 00 00 00 00 00   oberste Zeile, alle Pixel schwarz,
00 00 00 00 00 00 00 00 00 00 00 00 00 00 00 00   Index 0
00 00 00 00 00 00 00 00 00 00 00 00 00 00 00 00
00 00 00 00 00 00 00 00 00 00 00 00 00 00 00 00

2.4.3   Das TIF-Format

Das Tag Image File (TIF)-Format wurde zunächst für den Desktop Publishing-Bereich entworfen. Aufgrund seiner Flexibilität ist es aber zu einem weithin akzeptierten Quasi-Standard für Pixel-Bilder geworden. Die meisten Graphik-Applikationen akzeptieren TIF-Dateien, wobei es aber Unterschiede im Umfang der implementierten Funktionen gibt.

Tags

Bei den oben besprochenen Dateiformaten werden alle Felder im Header oder in der Farbtabelle durch ihre Position innerhalb der Bilddatei aufgefunden. Dies führt zu Problemen bei Erweiterungen der Formatspezifikation.

Das TIF-Format stellt dagegen jedem Feld eine Marke voran, die als Tag bezeichnet wird und angibt, wie der Feldinhalt zu interpretieren ist. Man gewinnt dadurch große Flexibilität bei der Anordnung der Felder innerhalb der Datei, aber auch bei der Erweiterung des Formats um neue Eigenschaften. Eine TIF-Datei kann sogar mehrere Bilder enthalten, z.B. ein Originalbild und eine verkleinerte Kopie für Preview-Zwecke.

Insgesamt kennt das TIF-Format in der zur Zeit aktuellen Version bis zu 45 verschiedene Tags. Statt einer detaillierten Darstellung stellen wir daher weiter unten nur einige davon exemplarisch vor.

TIF-Header

Eine TIF-Datei beginnt mit einem kurzen Header. Er gibt Auskunft über die verwendete Konvention zur Speicherung von Datenwerten (Intel-Format mit dem niederwertigsten Byte zuerst oder Motorola-Format mit dem höchstwertigen Byte zuerst). Außerdem enthält er die Identifikation X'002A', mit der die Datei als TIF-Datei zu identifizieren ist, und einen Zeiger auf die Liste der Image File Directories (IFD). Er besitzt den folgenden Aufbau:

Adresse	Länge	Feldname	Bedeutung	
0	2	Datenformat	X'4949'='II'	niederwertigstes Byte zuerst
			X'4D4D'='MM'	höchstwertigstes Byte zuerst
2	2	Version	Immer = X'002A'	
4	4	IFD-Offset	Zeiger zum Anfang der IFD-Liste	

Tabelle 2.3   Struktur des TIF-Header

Image File Directories (IFD)

Zu jedem Bild, das eine TIF-Datei enthält, gibt es ein eigenes IFD. Alle IFD's sind zu einer Liste verkettet, deren Lage innerhalb der Datei beliebig ist. Jedes IFD besteht aus drei Bereichen:
- der Anzahl von Tags im IFD,
- einer Folge von Tags, nach Tag-Nummern geordnet,
- einem Zeiger zum nächsten IFD in der Liste.

Tag-Struktur

Tabelle 2.4 gibt einen Überblick über den Aufbau der Tags. Jedes Tag ist 12 Byte lang und besteht aus 4 Feldern. Je nach dem Datenformat werden die Werte der Felder im Intel- oder im Motorola-Format gespeichert. Das Datenfeld eines Tag ist nur 4 Byte lang, Falls dies nicht ausreicht, werden die Daten ausgelagert und das Datenfeld enthält dann einen Zeiger auf die Daten.

Adresse	Länge	Feldname	Bedeutung
0	2	Tag	gibt den Tag-Typ an (254, ... , 320)
2	2	Datentyp	1 = Byte 2 = ASCII-String, mit 0-Byte abgeschlossen 3 = SHORT (16 Bit unsigned integer) 4 = LONG (32 Bit unsigned integer) 5 = RATIONAL (Bruch aus zwei LONG-Werten)
4	4	Count	Anzahl von Tag-Daten; die Länge der Daten in Byte erhält man, indem man Count für die Datentypen 1, 2, 3, 4, 5 mit den Faktoren 1, 1, 2, 4 bzw. 8 multipliziert.
8	4	Offset / Value	Adresse des Datenfeldes in der Datei, falls die Daten länger als 4 Byte sind, oder die Tag-Daten, wenn 4 Byte genügen.

Tabelle 2.4   Aufbau der TIF-Tags

TIF-Bildklassen

Das TIF-Format unterscheidet vier verschiedene Bild-Klassen:

- Klasse B:　Binärbilder,
- Klasse G:　Graustufenbilder,
- Klasse P:　Palettenbilder,
- Klasse R:　RGB-Echtfarbenbilder.

Tags können je nach Bildklasse verschieden interpretiert werden und verschiedene Default-Werte besitzen.

Beispiel einer TIF-Datei

Wir betrachten nun den Inhalt einer TIF-Datei, die den Graukeil der Abbildung 2.10 enthält. Das Bild wurde als unkomprimiertes Palettenbild gespeichert. Es ist wieder zu beachten, daß wegen des hier benutzten Intel-Formats das niederwertigste Byte zuerst abgespeichert wird. Es wird empfohlen, die Inhalte vom IFD ausgehend zu analysieren.

TIF-Header (Offset X'00'):

```
49 49 2A 00 90 29 00 00                         Intel-Format,
                                                Version X'002A'
                                                IFD-Offset X'2990'
```

GrayResponseCurve(Offset X'08'):

```
                        D7 07 D0 07 C8 07 C0 07
B8 07 B0 07 A8 07 A0 07 98 07 91 07 89 07 81 07
79 07 71 07 69 07 61 07 59 07 52 07 4A 07 42 07
3A 07 32 07 2A 07 22 07 1A 07 13 07 0B 07 03 07

. . . . . . . . . . . . . . . . . . . . .

95 00 8D 00 85 00 7D 00 76 00 6E 00 66 00 5E 00
56 00 4E 00 46 00 3E 00 37 00 2F 00 27 00 1F 00
17 00 0F 00 07 00 00 00
```

Xresolution / Yresolution (Offset X'208' / X'210'):

```
                        2C 01 00 00 01 00 00 00
2C 01 00 00 01 00 00 00
```

Zeiger-Vektor (Offset X'218'):

```
                        80 02 00 00 A0 05 00 00
C0 08 00 00 E0 0B 00 00 00 0F 00 00 20 12 00 00
40 15 00 00 60 18 00 00 80 1B 00 00 A0 1E 00 00
C0 21 00 00 E0 24 00 00 00 28 00 00
```

StripByteCounts (Offset X'24C'):

```
                                    20 03 00 00
20 03 00 00 20 03 00 00   20 03 00 00 20 03 00 00
20 03 00 00 20 03 00 00   20 03 00 00 20 03 00 00
20 03 00 00 20 03 00 00   20 03 00 00 90 01 00 00
```

1. Streifen (Offset X'0280'):

```
00 00 00 00 00 00 00 00   00 00 00 00 00 00 00 00    1. Bildzeile des 1. Streifens
00 00 00 00 00 00 00 00   00 00 00 00 00 00 00 00
00 00 00 00 00 00 00 00   00 00 00 00 00 00 00 00
00 00 00 00 00 00 00 00   00 00 00 00 00 00 00 00
```

. . . .

```
FC FC FC FC FC FC FC FC   FC FC FC FC FC FC FC FC    letzte. Bildzeile des 13. Streifens
FC FC FC FC FC FC FC FC   FC FC FC FC FC FC FC FC
FC FC FC FC FC FC FC FC   FC FC FC FC FC FC FC FC
FC FC FC FC FC FC FC FC   FC FC FC FC FC FC FC FC
```

Image File Directory (IDF) (Offset X'2990') (in einzelne Tags aufgeteilt):

00 0F	IFD enthält 15 Tags
FE 00 04 00 01 00 00 00 00 00 00 00	Tag 254: NewSubfileType
00 01 03 00 01 00 00 00 64 00 00 00	Tag 256: ImageWidth
01 01 03 00 01 00 00 00 64 00 00 00	Tag 257: ImageLength
02 01 03 00 01 00 00 00 08 00 00 00	Tag 258: BitsPerSample
03 01 03 00 01 00 00 00 01 00 00 00	Tag 259: Compression
06 01 03 00 01 00 00 00 01 00 00 00	Tag 262: Photometric Interpretation
11 01 04 00 0D 00 00 00 18 02 00 00	Tag 273: StripOffsets
15 01 03 00 01 00 00 00 01 00 00 00	Tag 277: SamplesPerPixel
16 01 04 00 01 00 00 00 08 00 00 00	Tag 278: RowsPerStrip
17 01 04 00 0D 00 00 00 4C 02 00 00	Tag 279: StripByteCounts
1A 01 05 00 01 00 00 00 08 02 00 00	Tag 282: XResolution
1B 01 05 00 01 00 00 00 10 02 00 00	Tag 283: YResolutuion
22 01 03 00 01 00 00 00 03 00 00 00	Tag 290: GrayResponseUnit
23 01 03 00 00 01 00 00 08 00 00 00	Tag 291: GrayResponseCurve
28 01 03 00 01 00 00 00 02 00 00 00	Tag 296: Resolution Unit
00 00 00 00	Ende der IFD-Liste

Ende der TIF-Datei --

Im folgenden werden die hier benutzten TIF-Tags kurz erläutert.

Tag 254: NewSubfileType

00 FE = 254	00 04 = LONG	00 00 00 01	00 00 00 00

Der LONG-Wert dieses Tag wird als Flag-Vektor verwendet , wobei nur die folgenden Flag-Bits definiert sind:

00 00 00 00	Bild mit voller Auflösung
Bit 0 gesetzt	Bild mit reduzierter Auflösung zu einem anderen Bild in dieser TIF-Datei
Bit 1 gesetzt	eine Seite eines mehrseitigen Bildes
Bit 2 gesetzt	Transparenzmaske für ein anderes Bild

Tag 256: Image Width

01 00 = 256	00 03 = SHORT	00 00 00 01	00 64

Gibt die Länge einer Bildzeile an, nämlich X'64'=100 Pixel:

Tag 257: Image Length

01 01 = 257	00 03 = SHORT	00 00 00 01	00 64

Gibt die Länge einer Bildspalte an, nämlich X'64'=100 Pixel:

Tag 258: BitsPerSample

01 02 = 258	00 03 = SHORT	00 00 00 01	00 08

Gibt an, daß 8 Bit pro Pixel benutzt werden.

Tag 259: Compression

01 03 = 258	00 03 = SHORT	00 00 00 01	00 01

Gibt die verwendete Komprimierungtechnik an:
1 = unkomprimierte Bilddaten
2 = Huffman-kodierte Bilddaten, nur für Binärbilder (Klasse B) benutzt
5 = LZW-Codierung für Bilder der Klassen G, P, R

Tag 262: PhotometricInterpretation

01 06 = 262	00 03 = SHORT	00 00 00 01	00 01

Gibt den Bildtyp an:
0 = Binär- oder Graustufenbild, mit Pixelwert 0=weiß
1 = Binär- oder Graustufenbild, mit Pixelwert 0=schwarz
2 = RGB-Farbbild
3 = Palettenbild
4 = Transparenzmaske

Tag 273: StripOffsets

01 11 = 273	00 04 = LONG	00 00 00 0D	00 00 02 18

Die Bilddaten sind in Streifen abgelegt (maximal 8 KB pro Streifen möglich).
Der Datenwert des Tag ist ein Zeiger auf einen Zeiger-Vektor, über den
man zu den Bildstreifen gelangt. Der Zeigervektor besitzt hier X'0D'=13
Zeiger auf Streifen.

Tag 277: SamplesPerPixel

01 15 = 277	00 03 = SHORT	00 00 00 01	00 00 00 01

Anzahl von Werten pro Pixel; hat für Bilder der Klassen B, G, P den Wert 1
und für Bilder der Klasse R den Wert 3.

Tag 278: RowsPerStrip

01 16 = 278	00 04 = LONG	00 00 00 01	00 00 00 08

Anzahl von Bildzeilen in jedem der Streifen = 8

Tag 279: StripByteCounts

01 17 = 279	00 04 = LONG	00 00 00 01	00 00 02 4C

Zeiger auf ein Array mit Längenangaben für die Streifen.

Tag 282: XResolution

01 1A = 282	0005=RATIONAL	00 00 00 01	00 00 02 08

Zeiger auf einen 8 Byte langen RATIONAL-Wert, der die X-Auflösung bei
der Ausgabe angibt.

Tag 283: YResolution

01 1B = 283	0005=RATIONAL	00 00 00 01	00 00 02 10

Zeiger auf einen 8 Byte langen RATIONAL-Wert, der die Y-Auflösung bei der Ausgabe angibt.

Tag 290: GrayResponseUnit

01 22 = 290	0003=SHORT	00 00 00 01	00 03

Einheiten der Graustufen-Kurve, hier 3=1/1000.

Tag 291: GrayResponseCurve

01 23 = 291	0003=SHORT	00 00 00 01	00 08

Zeiger auf eine Tabelle, die die originalgetreue Wiedergabe der Grauwerte steuert.

Tag 296: ResolutionUnit

01 28 = 283	0003=SHORT	00 00 00 01	00 02

Dimension für die X- und Y-Auflösung :   1 = keine Angabe
2 = Inch
3 = Zentimeter

2.4.4 Das JPEG-Format

Das JPEG-Verfahren wurde von einem internationalen Normungsgremium, der Joint Photographic Experts Group, für die Speicherung einzelner Pixel-Bilder konzipiert. Um Kompressionsraten bis zu 90% bei akzeptabler Bildqualität zu erreichen, werden verschiedene Methoden kombiniert eingesetzt. Abbildung 2.11 zeigt den schematischen Ablauf einer JPEG-Kodierung.

Die Transformation des Farbmodells

Zunächst wird das Bild in den YUV-Raum transformiert. Dazu müssen die RGB-Farbwerte umgerechnet werden in einen Luminanzwert Y und zwei Chrominanzwerte *Cb* und *Cr* nach der Beziehung:

$$\begin{bmatrix} Y \\ Cr \\ Cb \end{bmatrix} = \begin{bmatrix} 0.2990 & 0.5870 & 0.1140 \\ -0.1687 & -0.3313 & 0.5000 \\ 0.5000 & -0.4187 & -0.0813 \end{bmatrix} * \begin{bmatrix} R \\ G \\ B \end{bmatrix}$$

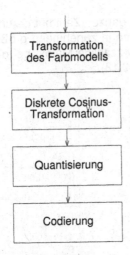

Abb. 2.11   Verfahrensschritte der JPEG-Kompression

Unser Auge ist für Helligkeitsunterschiede empfindlicher als für Farben, daher genügt es, die Chrominanzwerte mit geringerer räumlicher Auflösung zu speichern. Für ein 2x2 Pixel großes Quadrat werden dann 4 Luminanzwerte und nur je ein Cr- und Cb-Wert gespeichert. Damit wird bereits eine 50%ige Datenreduktion erreicht. In den folgenden Stufen des Verfahrens wird jede der Komponenten Y, Cb und Cr getrennt weiterbehandelt.

Die Diskrete Cosinus-Transformation

In dieser Verfahrensstufe wird das Bild in Teilquadrate mit je 8x8 Pixel zerlegt, die einzeln mit der diskreten Cosinus-Transformation aus dem Ortsraum in den Ortsfrequenzraum transformiert werden. Dabei entsteht aus der 8x8-Pixel-Matrix eine 8x8-Matrix, deren Komponenten die 64 Frequenzen des Spektums darstellen, aus denen das Bild aufgebaut ist. In Abbildung 2.12 a) und b) sind ein Beispiel-Bild und seine Transformierte dargestellt.

Die Quantisierung

Wie in Abbildung 2.12 zu erkennen ist, besitzt die Cosinus-Transformierte des Bildes in der oberen, linken Ecke ihre größten Werte. Diese entsprechen den niedrigen Frequenzen im Bild, also den ausgedehnten Strukturen. Nach rechts unten werden die Werte zunehmend kleiner. Die Werte rechts unten entsprechen den höchsten Frequenzen im Bild. Sie besitzen eine wesentlich geringere Amplitude und sind für das Erkennen des Bildinhalts auch weniger wichtig. Sehr viele Matrix-Elemente haben den Wert 0.

Diese Tatsache wird benutzt, um durch eine Quantisierung zu einer Datenreduktion zu gelangen. Im einfachsten Fall werden alle Komponenten der Cosinus-

Transformierten zur nächsten ganzen Zahl hin gerundet. Andere Verfahren quantisieren die höheren Fequenzen in zunehmend größeren Schritten. Das Ergebnis der Quantisierung ist eine ganzzahlige Matrix, bei der die meisten Komponenten den Wert 0 haben (Abbildung 2.13).

20	20	20	20	20	20	20	20
20	20	20	0	0	20	20	20
20	20	0	0	0	0	10	20
20	0	0	20	20	0	0	20
20	0	0	20	20	0	0	20
20	20	0	0	0	0	10	20
20	20	20	0	0	20	20	20
20	20	20	20	20	20	20	20

29.99	0.00	31.54	-0.00	9.99	-0.00	-2.24	0.00
-0.00	0.00	0.00	0.00	0.00	0.00	-0.00	0.00
31.54	0.00	-2.85	0.00	-29.00	0.00	7.07	-0.00
0.00	-0.00	-0.00	0.00	-0.00	0.00	-0.00	0.00
10.00	-0.00	-29.00	-0.00	30.0	-0.00	2.24	0.00
-0.00	0.00	-0.00	0.00	-0.00	0.00	-0.00	0.00
-2.24	0.00	7.07	-0.00	2.24	0.00	-17.07	0.00
0.00	-0.00	-0.00	-0.00	-0.00	0.00	0.00	-0.00

Abb. 2.12   Ein 8x8-Bild (links) und seine Cosinus-Transformierte (rechts)

Codierung

Das Matrix-Element in der linken oberen Ecke der Cosinus-Transformierten entspricht dem Mittelwert aller 64 Pixelwerte. Es wird daher als DC-Komponente (direct current component) bezeichnet und die übrigen Matrix-Elemente als AC-Komponenten (alternating current components).

Für die DC-Komponenten codiert man nur die erste mit ihrem Absolut-Wert, für alle weiteren wird nur ihre Differenz zum Vorgänger codiert, wozu kleinere Zahlenwerte genügen. Die Folge der DC-Komponenten wird dann mit einem Huffman-Algorithmus verlustlos gepackt.

Die AC-Komponenten ordnet man nach dem Diagonalschema der Abbildung 2.13 linear an. Dabei entstehen aufgrund der Matrix-Struktur längere Folgen, die nur Nullen enthalten und mit einer Lauflängen-Codierung gut gepackt werden.

Weitere Merkmale der JPEG-Methode
Das JPEG-Verfahren kann weitere Techniken einsetzen, z.B

- *Interleaving*
  Dabei werden die drei Kanäle des Bildes nicht nacheinander gespeichert bzw. übertragen, sondern Blöcke gebildet, die alle Kanäle eines Bildbereichs enthalten.

– Verlustlose Codierung

Falls eine vollständige Rekonstruktion des Originalbildes möglich sein soll, werden auch andere Codierungstechniken eingesetzt (nearest neighbors prediction mit Huffman-Codierung).

30	0	32	0	10	0	-2	0
0	0	0	0	0	0	0	0
32	0	-3	0	-29	0	7	0
0	0	0	0	0	0	0	0
10	0	-29	0	30	0	2	0
0	0	0	0	0	0	0	0
-2	0	7	0	2	0	-17	0
0	0	0	0	0	0	0	0

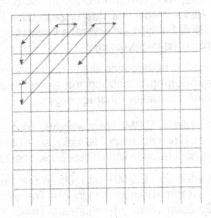

Abb. 2.13   Quantisierte Cosinus-Transformierte und Durchlaufschema für die Lauflängen-Codierung der AC-Komponenten.

Abb. 2.14   JPEG-Bilder mit unterschiedlicher Wiedergabequalität
linkes Bild: verlustloses JPEG-Bild, 22 KB groß
rechtes Bild: Bild mit reduzierter Qualität, 5 KB groß

2.5   Aufgaben

1. Simulieren Sie den Effekt unterschiedlicher Auflösungen bei der Abtastung von Bildern. Verkleinern Sie ein Originalbild RASTER1.BMP von der Größe 256×256 nacheinander auf 2×2, 4×4, 8×8, 16×16, 32×32, 64×63 und 128×128 Pixel. Vergrößern Sie danach die Bilder wieder auf das ursprüngliche Format zurück. Verwenden Sie dazu die IMAGINE-Funktion, die eine reine Pixelvergrößerung bewirkt (Bearbeiten/Lineare Transformation ohne Interpolation).

   Wenn Sie stattdessen diese Funktion mit Interpolation verwenden, wird bei der Vergrößerung zusätzlich interpoliert, so daß sich bei gleicher Auflösung ein besserer visueller Eindruck ergibt.

2. Das Binärbild E.BMP zeigt vergrößert den Buchstaben "e". Diese Übung zeigt, wie eine zu grobe Abtastung die toplogische Struktur des Buchstabens zerstört. Durch Mittelungsoperationen kann dieser Effekt aber abgemildert werden.

   – Laden Sie E.BMP und führen Sie die folgenden Transformationen aus:
     1. Zoom (Bearbeiten/Lineare Transformation) mit den Faktoren: $f_x = f_y = 0.15$
     2. Zoom (Bearbeiten/Lineare Transformation) mit den Faktoren: $f_x = f_y = 7$
     Welchen Effekt stellen Sie fest ?

   – Laden Sie E.BMP und führen Sie die folgenden Transformationen aus:
     1. Zoom (Bearbeiten/Lineare Transformation) mit den Faktoren: $f_x = f_y = 0.3$
     2. Zoom (Bearbeiten/Lineare Transformation) mit den Faktoren: $f_x = f_y = 3.3$
     Welchen Effekt stellen Sie jetzt fest ?

3. Laden Sie zunächst die folgenden Bild-Dateien:
   – LINIEN.BMP
   – LINIEN1.BMP

   Die Datei LINIEN.BMP enthält ein vertikales Liniengitter. Eine Vergrößerung des Bildes in x-Richtung mit dem Faktor 1.1 simuliert den Effekt einer zu groben Abtastung. Experimentieren Sie mit den Zoom-Faktoren. Unter welchen Voraussetzungen verschwinden die Aliasing-Effekte ?

   Die Datei LINIEN1.BMP enthält ein schräges Liniengitter. Überlagern Sie die Bilder LINIEN.BMP und LINIEN1.BMP mit der Operation "logisches UND". Dies entspricht einer Abtastung des ersten Gitters mit der Auflösung des zweiten. Welcher Effekt ergibt sich ?

4. Die Datei PORTRAIT.BMP enthält ein Portrait, bei dem Graustufen durch unterschiedlich große schwarze Rasterpunkte simuliert werden, wie dies z.B. beim Offset-Druck der Fall ist. Auch hier ergeben sich Aliasing-Effekte bei zu grober Abtastung. Stellen Sie das fest, indem Sie das Bild mit der Funktion „Zoom with Factor" um den Faktor 1.1 vergrößern. Experimentieren Sie auch mit anderen Zoom-Faktoren.

5. Begründen Sie, warum die Auflösung eines 300 dpi-Scanners nicht ausreicht, um eine Zeichnung zu scannen, die Linien mit einer Strichbreite von 0,1 mm enthält. Welche Auflösung sollte der Scanner dafür wenigstens besitzen (in dpi)?

6. Stellen Sie mit der Histogramm-Funktion von IMAGINE fest, welche Graustufen das Bild CTSCAN.BMP enthält.

   – Reduzieren Sie mit der Äquidensiten-Funktion die Grauskala des Bildes auf vier Graustufen. Verwenden Sie dabei zunächst die Default-Parameter-Einstellungen der Fuktion. Experimentieren Sie dann mit anderen Parameterwerten.

   – Binarisieren Sie das Bild CTSCAN.BMP mit dem Schwellwert-Verfahren in der Funktionsgruppe Binärbild-Erzeugung. Verwenden Sie dabei verschiedene Schwellwerte.

7. Bestimmen Sie zu dem folgenden Graukeil den mittleren Grauwert, die Varianz und die Entropie:

1	2	3	4	5	6	7	8	9	10	11	12
1	2	3	4	5	6	7	8	9	10	11	12
1	2	3	4	5	6	7	8	9	10	11	12
1	2	3	4	5	6	7	8	9	10	11	12

8. Zeichnen Sie das Objekt mit dem folgenden, durch seinen Richtungscode gegebenen Flächenrand:

   [12,2] 0 0 0 0 0 0 0 0 0 0 2 2 4 4 3 2 1 1 1 2 3 3 3 3 4 4 4 4 5 5 5 6 7 7 7 6 5 4 4 6 6.

   Das Objekt soll nun in den Startpunkt [12,2] verschoben und danach um 90° im Uhrzeigersinn gedreht werden. Bestimmen Sie den Richtungscode für das transformierte Objekt und zeichnen Sie es.

9. Geben Sie eine Transformationsformel an, mit der sich Objekte in Richtungscode-Darstellung an einer horizontalen Achse durch den Startpunkt spiegeln lassen. Begründen Sie die Wahl dieser Formel.

   Der folgende Richtungscode beschreibt einen Objektrand:

   [5,1] 6 6 6 0 0 0 0 0 0 0 2 2 2 2 2 2 3 5 6 6 6 6 4 4 4 2 2 2 2 3 5 6 6 6.

   Wie lautet der Richtungscode des nach diesem Algorithmus gespiegelten Objekts?

10. Gegeben ist das folgende Binärbild :

	0	1	2	3	4	5	6	7
0	0	0	0	0	0	0	0	0
1	0	0	0	1	1	0	0	0
2	0	0	1	1	1	1	0	0
3	0	1	1	0	0	1	1	0
4	0	1	1	0	0	1	1	0
5	0	0	1	1	1	1	0	0
6	0	0	0	1	1	0	0	0
7	0	0	0	0	0	0	0	0

Stellen Sie die beiden Ränder des ringförmigen Objekts als Richtungscodes dar. Der Umlaufsinn ist so zu wählen, daß der Objektbereich stets zur Linken liegt. Als Startpunkte sind zu verwenden (Zeile, Spalte): (2,2) bzw. (2,3) .

Stellen Sie das Bild auch als Quad-Tree dar in Form eines Graphen mit Knotenwerten.

3 Punktoperatoren

Punktoperatoren verändern die Pixel eines Bildes unabhängig von ihren Nachbarpunkten. Es handelt sich dabei in der Regel um sehr einfache Operationen, die jedoch auf eine große Zahl von Bildpunkten anzuwenden sind. Bildverarbeitungssysteme unterstützen sie deshalb oft durch Hardware-Einrichtungen, z.B. ladbare Look-up-Tabellen zur Transformation der Pixelwerte, oder Farbraum-Konverter. Hauptzwecke dieser einfachsten Bildverarbeitungs-Operatoren sind die Verbesserung des visuellen Bildeindrucks sowie die Vorbereitung nachfolgender Auswertungs- und Analyseprozesse.

3.1 Homogene Punktoperatoren

In diesem Abschnitt betrachten wir *homogene* Punktoperationen, die nur vom Grau- oder Farbwert der Bildpunkte abhängen, nicht jedoch von weiteren Eigenschaften, etwa ihren Ortskoordinaten. Sie sind daher Abbildungen der Grauwertemenge in sich

$$f: G \rightarrow G.$$

Zur praktischen Durchführung der Transformationen berechnet man zweckmäßig zunächst eine Tabelle mit den Funktionswerten $f(0) \cdots f(g_{max})$ und greift mit dem zu transformierenden Grauwert als Index darauf zu.

3.1.1 Lineare Grauwertskalierung

Lineare Skalierungen können den Gesamteindruck des Bildes verbessern, obwohl das skalierte Bild nicht mehr, sondern eventuell sogar weniger Information enthält. Sie bewirken eine gleichmäßige Verschiebung, Streckung oder Komprimierung des Grauwerteumfangs in einem Bild. Abbildung 3.1 zeigt ein Beispiel für ihre Wirkung.

Wir gehen im folgenden aus von einem Grauwertebereich $G = [0{:}255]$ und einer linearen Transformation

$$f: [0{:}255] \rightarrow R$$

mit $\quad f(g) = (g + c_1) * c_2.$

Abb. 3.1   Wirkung einer linearen Skalierung

Die Konstante c_1 bewirkt eine Verschiebung der Grauwerte in den helleren bzw. dunkleren Bereich, $c_2 > 1$ verstärkt den Kontrast, während $c_2 < 1$ den Kontrast vermindert. Damit die Transformation stets Funktionswerte im Bereich G liefert, kann man sie an den Grenzen des Intervalls G 'abschneiden', also statt f' die folgende Funktion f verwenden:

$$f: \quad [0{:}255] \to [0{:}255]$$

$$f'(g) = \begin{cases} 0, & \text{falls } (g + c_1) * c_2 < 0, \\ 255, & \text{falls } (g + c_1) * c_2 > 255, \\ (g + c_1) * c_2 & \text{sonst.} \end{cases}$$

Der Graph einer solchen linearen Skalierung hat z.B die folgende Gestalt:

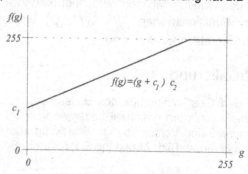

Spreizung von Grauwertbereichen

In bestimmten Fällen ist es erwünscht, einen Teilbereich $[g_1{:}g_2]$ der Grauwertemenge G linear auf die gesamte Grauwerteskala zu projizieren. Damit lassen sich Bildinhalte, deren Grauwerte außerhalb dieses Bereichs liegen, eliminieren und relevante Inhalte deutlicher sichtbar machen.

Ein Beispiel dazu zeigt die Abbildung 3.2. Das Originalbild enthält nur wenige Graustufen im unteren und oberen Bereich, wie aus dem darunter angegebenen Histogramm erkennbar ist. Nach der Spreizung des mittleren Bereichs der Grauskala sind Einzelheiten wesentlich besser erkennbar, und der Hintergrund wurde vollständig ausgeblendet.

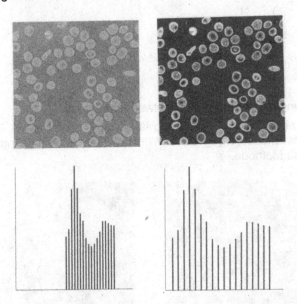

Abb. 3.2   Spreizung eines Teilbereichs der Grauskala

Wir verwenden dazu die folgende Skalierungsfunktion *f(g)*:

$$f(g) = \begin{cases} 0, & \textit{falls} \quad g < g_1, \\ \dfrac{g - g_1}{g_2 - g_1} * 255, & \textit{falls} \quad g \in [g_1 : g_2], \\ 255, & \textit{falls} \quad g > g_2. \end{cases}$$

Der Graph einer solchen Bereichsspreizung hat damit die Form:

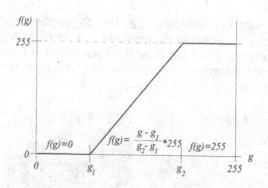

Lineare Skalierung mit Vorgabe von Mittelwert und Varianz

Die Parameter einer linearen Skalierung lassen sich so festlegen, daß Mittelwert und Varianz des Bildes vorgegebene Werte annehmen. Abbildung 3.3 zeigt ein Beispiel für diese Methode.

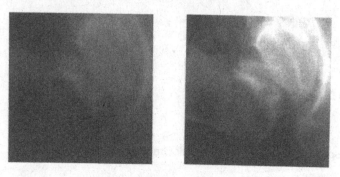

Abb. 3.3　Lineare Skalierung mit Vorgabe von Mittelwert und Varianz

Aus einem Bild $I = \left[I_{m,n} \right]$ mit dem Mittelwert m_I und der Varianz q_I soll durch eine lineare Skalierung ein Bild entstehen mit vorgegebenen neuen Werten m_I' und q_I'. Nach der Definition von Mittelwert und Varianz in Kapitel 2 muß für die Werte m_I' und q_I' des skalierten Bildes I' gelten:

$$m_I' = \frac{1}{M*N} * \sum_m \sum_n \left(I_{m,n} + c_1 \right) c_2$$

$$m_I' = \left(\frac{1}{M*N} * \sum_m \sum_n I_{m,n} \right) c_2 + c_1 c_2$$

$$m_I' = m_I * c_2 + c_1 c_2$$

und

$$q_I' = \frac{1}{M*N} * \sum_m \sum_n \left(I'_{m,n} - m_I' \right)^2$$

$$q_I' = \frac{1}{M*N} * \sum_m \sum_n \left(\left(I_{m,n} + c_1 \right) c_2 - \left(m_I c_2 + c_1\, c_2 \right) \right)^2$$

$$q_I' = \frac{1}{M*N} * \sum_m \sum_n \left(I_{m,n} - m_I \right)^2 * c_2^2$$

$$q_I' = c_2^2 * q_I\,.$$

Durch Auflösung der Gleichungen nach c_1 und c_2 erhalten wir die charakteristischen Konstanten der gesuchten linearen Transformation:

$$c_2 = \sqrt{\frac{q_I'}{q_I}} \quad \text{und} \quad c_1 = \frac{m_I'}{c_2} - m_I\,.$$

3.1.2 Nichtlineare Grauwertskalierung

Lineare Skalierungen transformieren alle Werte ihres Definitionsbereiches gleichmäßig. Wenn bestimmte Bereiche der Farbskala stärker als andere angehoben werden sollen, dann erreicht man dies mit nichtlinearen Farbwertskalierungen. Ein Beispiel zeigt die Abbildung 3.4: Man vergleiche die unterschiedliche Behandlung der dunklen Bildpartien mit dem Ergebnis der linearen Skalierung in Abbildung 3.1.

Im folgenden lernen wir einige praktische Anwendungen nichtlinearer Skalierungen kennen.

Bei der Aufnahme eines linearen Graukeils liefert eine Videokamera ein Spannungssignal U, das exponentiell von der aufgenommenen Intensität I abhängt. Es gilt also

$$U = U_{max} * \left(\frac{I}{I_{max}} \right)^\gamma\,.$$

Um aus dem gemessenen Spannungswert U wieder die tatsächliche Intensität I zu erhalten, muß I aus U ermittelt werden nach der Formel

$$I = I_{max} \left(\frac{U}{U_{max}} \right)^{\frac{1}{\gamma}}\,.$$

Ein analoges Problem tritt auf, wenn Bilder am Monitor dargestellt werden sollen: Enthält ein Bild einen linearen Graukeil und steuert man damit die Intensität des Elektronenstrahls, so erhält man eine exponentiell wachsende Helligkeitskurve, wie dies die Abbildung 3.5 zeigt.

Abb. 3.4   Wirkung einer nichtlinearen Grauwertskalierung

Ein weiterer Effekt, der kompensiert werden muß, ist die logarithmische Empfindlichkeit des Auges für Helligkeiten. Zur Korrektur transformiert man die Grauwerte des Bildes mit Hilfe der Ausgangs-Look-up-Tabelle, deren Einträge für den Grauwert g berechnet werden nach der Formel

$$LUT(g) = \left(\frac{g}{g_{max}}\right)^{\frac{1}{\gamma}} * g_{max}.$$

Der für Bildschirme übliche Wert für γ liegt im Bereich zwischen 1,5 bis 2,5.

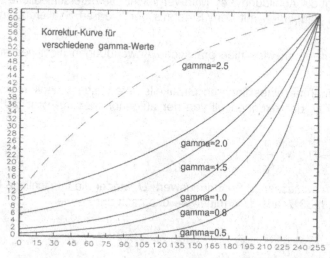

Abb. 3.5   Gammakorrektur als Anwendung einer nichtlinearen Skalierung

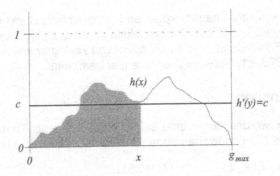

Abb. 3.6:   Histogrammausgleich

3.1.3 Histogrammausgleich

Während mit einer Skalierung die Form der Histogramm-Kurve nur gestreckt oder gepreßt wird, ist es das Ziel eines Histogrammausgleichs, eine annähernd gleiche Häufigkeit $p_I(g)$ für alle Grauwerte g im Bild zu erreichen. Da dieser Forderung exakt nicht einfach zu entsprechen ist, versucht man meist, das schwächere Kriterium zu erfüllen, daß in jedem konstanten Grauwerte-Intervall gleich viele Bildpunkte liegen.

Wir nehmen dazu zunächst an, daß der Ausgleich für eine kontinuierliche Grauwerteverteilung $h(x)$ erreicht werden soll, wie sie Abbildung 3.6 zeigt, und suchen dafür eine Transformation der Grauwerte

$$f: \quad x \rightarrow y$$

so, daß die Verteilungsfunktion h' der transformierten Grauwerte konstant ist, also alle Grauwerte $y = f(x)$ gleich oft vorkommen. Für die Konstante $c = 1 / g_{max}$ ist also:

$$h'(y) = c .$$

Außerdem sollen die Bildpunkthäufigkeiten in einander entsprechenden Grauwertbereichen vor und nach der Transformation gleich sein, d.h., es soll gelten:

$$c * f(x) = \int_0^x h(t) \, dt .$$

Im diskreten Fall haben wir statt $h(x)$ die relativen Anteile der diskreten Grauwerte $p_I(g)$ und statt des Integrals die relativen Summenhäufigkeiten zu verwenden, so daß die gesuchte Transformation die Form erhält

$$f: \quad g \rightarrow g_{max} * \sum_{g'=0}^{g} p_I(g') .$$

Bei Bildern mit einem sehr unausgewogenen Histogramm, z.B. mit großflächigem, dunklem Hintergrund, bringt ein globaler Histogrammausgleich keine Verbesserung. In solchen Fällen setzt man einen *adaptiven Histogrammausgleich* ein, der Teilbereiche des Bildes unabhängig voneinander bearbeitet.

3.1.4 Äquidensiten

Äquidensitenbilder werden durch eine stückweise konstante Transformation der Grauwerte erzeugt. Die Grauwertemenge **G** wird dabei zerlegt in Intervalle

$$0 = I_0 < I_1 < I_2 \ ...... \ < I_k = 255 \, .$$

Damit erhält man das Äquidensitenbild 1. Ordnung durch die Transformation:

$$f(g) = \begin{cases} g_0, & \text{für} \quad I_0 \leq g < I_1, \\ g_1, & \text{für} \quad I_1 \leq g < I_2, \\ ...... & ...... \\ g_{k-1}, & \text{für} \quad I_{k-1} \leq g \leq I_k. \end{cases}$$

Der Graph einer Äquidensitenfunktion hat somit die Form:

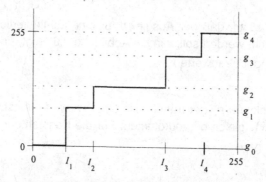

Äquidensiten werden oft benutzt, wenn Objekte im Bild durch ihren Grauwertbereich identifizierbar sind. Sie liefern uns somit eine einfache Segmentierungstechnik. Äquidensiten zweiter Ordnung bestehen aus den Grenzlinien in den Äquidensiten erster Ordnung. Sie können zur Hervorhebung von Bereichen dem Originalbild überlagert werden (Abbildung 3.7).

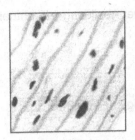  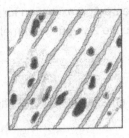

Abb. 3.7   Objekt-Identifikation mit Äquidensiten
links: Original,
Mitte: Äquidensitenbild 1. Ordnung,
rechts: Überlagerung der Äquidensiten 2. Ordnung mit dem Original

3.2   Inhomogene Punktoperatoren

Im Gegensatz zu den homogenen Punktoperatoren hängen die inhomogenen auch vom Ort der Bildpunkte ab. Sie sind daher deutlich aufwendiger. Verfahren dieses Typs finden z.B. Anwendung bei der Korrektur von Aufnahmefehlern; sie werden dann als Shading-Korrekturverfahren bezeichnet. Shading-Fehler können vielfältige Ursachen besitzen, z.B.

− ungleichmäßige Ausleuchtung der Szene,
− Randabschattungen durch das Objektiv,
− unterschiedliche Empfindlichkeit der CCD-Sensoren.

Eine einfache Korrekturmethode geht von einem additiven Fehler aus. In diesem Fall genügt es, eine Vergleichsaufnahme von einer homogenen Fläche zu machen und diese von den Aufnahmen der Objekte zu subtrahieren.

Wenn der Fehler nicht additiv ist und außer vom Ort auch noch vom aufgenommenen Grauwert abhängt, sind aufwendigere Methoden erforderlich. Das folgende Verfahren dient zur Korrektur von Zeilenscannern:

Der vom CCD-Element des Scanners in der Spalte s gemessene Grauwert sei g_s. Dieser hängt ab vom tatsächlichen Grauwert g_0 an dieser Stelle und der Fehlerfunktion $f_s(g_0)$ für diese CCD-Zelle:

$$g_s = g_0 + f_s(g_0).$$

Wir scannen eine helle homogene Fläche mit dem Grauwert g_0^H sowie eine dunkle homogene Fläche mit dem Grauwert g_0^D und verwenden das Meßergebnis zur Approximation der Fehlerfunktion f_s. Dazu stellen wir zunächst in Spalte s die Mittelwerte g_s^H und g_s^D der dunklen und der hellen Fläche fest und leiten daraus eine lineare Approximation für die Funktion f_s ab. Der Abbildung 3.8 entnehmen wir dazu die Zweipunkteformel der Geraden f_s :

$$\frac{g_s - g_s^D}{g_0 - g_0^D} = \frac{g_s^H - g_s^D}{g_0^H - g_0^D}.$$

Daraus erhalten wir durch Auflösen nach g_0 den korrigierten Meßwert:

$$g_0 = g_0^D + \frac{\left(g_s - g_s^D\right) * \left(g_0^H - g_0^D\right)}{g_s^H - g_s^D}.$$

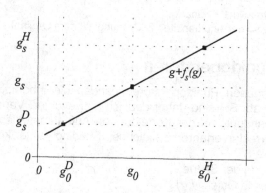

Abb. 3.8: Zur Kalibrierung von CCD-Elementen

3.3 Aufgaben

1. Das Bild CTSCAN.BMP ist eine Tomographie-Aufnahme in Höhe des Brustkorbes. Stellen Sie einen vergrößerten Ausschnitt vom Bereich der Wirbelsäule her. Das Histogramm dieses Ausschnitts ist bimodal: Die hellen Bereiche stellen Weichteile dar, die dunklen Bereiche dagegen Knorpel und Knochen.

   Spreizen Sie, jeweils ausgehend vom Originalausschnitt, den unteren Teil der Grauskala, um Knochen und Knorpel besser darzustellen, und danach den oberen Bereich der Grauskala, um die Darstellung der Weichteile zu optimieren.

2. Verbessern Sie das Bild ORTHOP.BMP mit einer linearen Skalierung. Stellen Sie dazu einen mittleren Grauwert von 64 ein und experimentieren Sie mit verschiedenen Werten für die Varianz.

4 Fourier-Transformationen

Wie für viele andere Anwendungsfelder sind Fourier-Transformationen auch für die Bildverarbeitung ein wichtiges Instrument. Aus diesem Grund sind bildverarbeitende Systeme oft mit Spezialprozessoren dafür ausgestattet. Einige Beispiele verdeutlichen die vielfältigen Anwendungsmöglichkeiten der Fourier-Transformationen in der Bildverarbeitung:

4.1 Eigenschaften der Fourier-Transformation

Beispiel 1

Filter beseitigen Bildfehler, z.B. periodische Störungen. Mit Hilfe der Fourier-Transformation kann man die Charakteristik solcher Störsignale leichter erkennen und den Filteroperator darauf abstimmen (Abbildung 4.1).

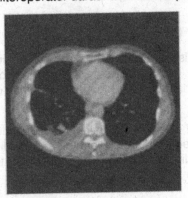 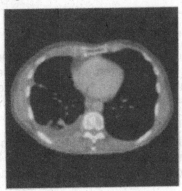

Abb. 4.1   Beseitigung periodischer Störungen in einem Bild

Beispiel 2

Rekonstruktionsverfahren zur Berechnung von Schnittbildern aus Projektionen, wie sie in der Tomographie eingesetzt werden, basieren auf Fourier-Transformationen (Abbildung 4.1).

Beispiel 3

Das Shannon' sche Abtast-Theorem aus der Fourier-Theorie liefert Aussagen darüber, mit welcher Auflösung Bilder digitalisiert werden müssen, um Störeffekte (Aliasing) zu vermeiden. Abbildung 4.2 zeigt ein gerastertes Photo, das mit einer zu geringen Auflösung abgetastet wurde.

Abb. 4.2   Aliasing-Effekte bei der Abtastung eines Rasterbildes

Wir stellen in diesem Kapitel die wesentlichen Eigenschaften von Fourier-Transformationen zusammen, und zwar als Basis für spätere Anwendungen. Die Darstellung erfolgt auf intuitiver Basis ohne exakte Begründung der Aussagen. Für ein erstes Verständnis ist dies ausreichend, wir empfehlen jedoch, danach Anhang A durchzuarbeiten, der die mathematischen Zusammenhänge exakter darstellt.

Problemtransformationen

Ein genereller Ansatz zur Lösung mathematischer Probleme basiert darauf, sie zunächst einer Transformation zu unterwerfen, und dann das transformierte Problem zu bearbeiten. Falls das Ergebnis zurücktransformiert werden kann, hat man damit die ursprüngliche Aufgabenstellung gelöst.

So ist es zum Beispiel möglich, statt zwei Zahlen konventionell miteinander zu multiplizieren, sie zunächst zu logarithmieren und ihre Logarithmen zu addieren. Um das Produkt zu erhalten, müssen wir die Summe anschließend zurücktransformieren. Das Diagramm der Abbildung 4.3 zeigt dies.

Die Fourier-Transformation

Auch die Fourier-Transformation folgt diesem allgemeinen Prinzip. Wir betrachten dazu eine reelle Funktion $h(x)$. Aus historischen Gründen stellt man sich h oft als eine Funktion des Ortes oder der Zeit vor und bezeichnet sie als Signal. Der Definitionsbereich von h heißt *Ortsraum*.

Die Fourier-Transformation **FT** bildet die Funktion h ab nach der Vorschrift:

$$\textbf{FT:} \quad h(x) \to H(f) = \int\limits_{t=-\infty}^{+\infty} h(t)\, e^{-2\pi i f t}\, \mathrm{d}t \; .$$

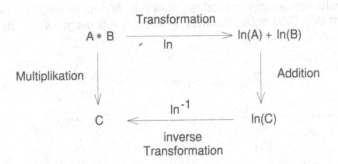

$$A * B \xrightarrow[\ln]{\text{Transformation}} \ln(A) + \ln(B)$$

Multiplikation $\Big\downarrow$ Addition $\Big\downarrow$

$$C \xleftarrow[\text{inverse}]{\ln^{-1}} \ln(C)$$

inverse
Transformation

Abb. 4.3   Problemlösung durch Transformation

Dabei wird h in periodische Komponenten zerlegt. Wir bezeichnen daher den Definitionsbereich von $H(f)$ als Ortsfrequenzraum. Die Fourier-Transformation ist also eine Transformation auf Funktionenräumen. Ihre praktische Bedeutung beruht vor allem darauf, daß wichtige Eigenschaften an der transformierten Funktionen $H(f)$ im Ortsfrequenzraum besser erkennbar sind als bei der Ausgangsfunktion $h(x)$ im Ortsraum.

Das definierende Integral der Fourier-Transformation existiert unter sehr allgemeingültigen Bedingungen und ist dann auch umkehrbar. Die inverse Fourier-Transformation **IFT** besitzt die Abbildungsvorschrift:

$$\textbf{IFT:} \quad H(f) \to h(x) = \int_{f=-\infty}^{+\infty} H(f)\, e^{2\pi i f x}\, df \, .$$

Die Fourier-Transformierte der reellen Funktion $h(x)$ ist also eine komplexwertige Funktion $H(f)$. Als das Fourier-Spektrum von H bezeichnet man den Betrag $|H(f)|$. Abbildung 4.4 zeigt ein Bild und sein Fourier-Spektrum.

Abb. 4.4   Ein Bild und seine Fourier-Transformierte

Die Fourier-Transformierte einer Konstanten

Die Fourier-Transformierte einer konstanten Funktion $h(x)=c$ ist ein Peak der Höhe c im Zentrum des Ortsfrequenzraumes. Abbildung 4.5 zeigt das für den eindimensionalen Fall.

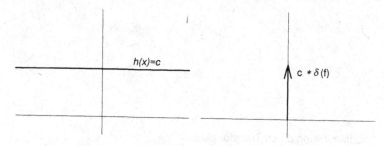

Abb. 4.5   Die Fourier-Transformierte einer Konstanten

Die Fourier-Transformierte einer Rechteck-Funktion

Die Fourier-Transformierte einer Rechteckfunktion ist eine gedämpfte Sinusschwingung. Wie Abbildung 4.6 zeigt, besteht ein einfacher Zusammenhang zwischen der Breite der Rechteckfunktion und der Form der Sinusschwingung: Wenn wir die Breite der Rechteckfunktion wachsen lassen, dann rücken die Nullstellen der Fourier-Transformierten näher zusammen und die Höhe des zentralen Sinusbogens wächst. Im Grenzfall erhalten wir als Fourier-Transformierte einer konstanten Funktion einen Peak im Zentrum des Ortsfrequenzraumes. Abbildung 4.7 zeigt den gleichen Sachverhalt für zweidimensionale Bildfunktionen.

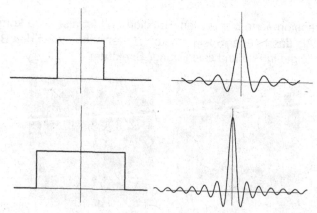

Abb. 4.6   Die Fourier-Transformierte einer Rechteckfunktion

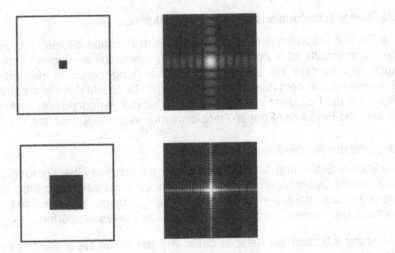

Abb. 4.7   Die Fourier-Transformierte von Quadraten

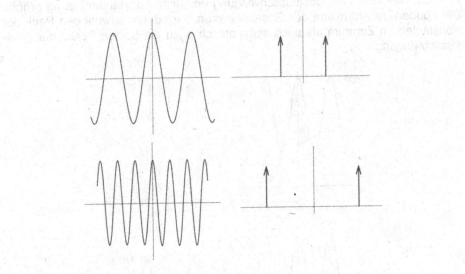

Abb. 4.8   Die Fourier-Transformierte einer Schwingung

Die Fourier-Transformierte periodischer Funktionen

Die Fourier-Transformierte einer periodischen Funktion besteht aus zwei Peaks, die symmetrisch zum Zentrum des Ortsfrequenzraumes liegen (Abbildung 4.8). Auch hier besteht ein einfacher Zusammenhang zwischen der Frequenz der Schwingung und dem Abstand der Peaks zum Nullpunkt des Ortsfrequenzraumes: Wenn wir die Frequenz wachsen lassen, also die Periodendauer verkürzen, dann rücken die Peaks der Fourier-Transformierten weiter auseinander.

Linearität der Fourier-Transformation

Die lineare Skalierung der Pixelwerte oder die additive Überlagerung von Bildern sind lineare Operationen im Ortsraum. Die Linearitätseigenschaften der Fourier-Transformation garantieren, daß wir solche Operationen mit demselben Resultat auch auf die Fourier-Transformierten der Bilder anwenden dürfen.

Abbildung 4.9 zeigt ein Beispiel dafür: Auf der linken Seite werden eine periodische Funktion $g(x)$ und eine Konstante $h(x)$ additiv überlagert. Dies entspricht im Ortsfrequenzraum einer Addition der Fourier-Transformierten, wie dies die rechte Seite der Abbildung zeigt.

Abbildung 4.10 zeigt den gleichen Sachverhalt für eine zweidimensionale Bildfunktion: Hier wird eine Cosinusschwingung um einen konstanten Betrag erhöht. Die Fourier-Transformierte der Gesamtfunktion zeigt daher sowohl den Peak der Konstanten im Zentrum als auch symmetrisch dazu die beiden Peaks der Cosinusschwingung.

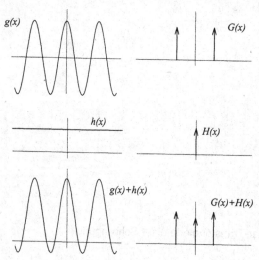

Abb. 4.9   Additive Überlagerung im eindimensionalen Fall

Abb. 4.10   Additive Überlagerung im zweidimensionalen Fall

Verschiebungen im Ortsraum

Einer Verschiebung der Bildfunktion im Ortsraum entspricht eine Multiplikation ihrer Fourier-Transformierten mit einem komplexen Faktor vom Betrag 1, also eine Phasenverschiebung im Ortsfrequenzraum. Eine Verschiebung verändert damit das Fourier-Spektrum des Bildes nicht, wie die Abbildung 4.11 zeigt: Sowohl das zentrierte wie auch das verschobene Quadrat besitzen dasselbe Sprektrum.

Abb. 4.11   Invarianz des Spektrums gegen Verschiebungen

Ähnlichkeitstransformationen

Einer Ähnlichkeitstransformation im Ortsraum mit einem skalaren Faktor a entspricht eine analoge Transformation der Fourier-Transformierten mit dem Kehrwert von a. Die Abbildungen 4.6 und 4.7 sind Beispiele für diesen allgemeineren Sachverhalt.

Drehungen

Einer Drehung im Ortsraum entspricht eine analoge Drehung der Fourier-Transformierten im Ortsfrequenzraum, wie die Abbildung 4.12 zeigt.

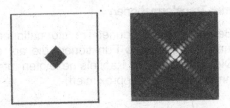

Abb. 4.12   Einfluß einer Drehung auf die Fourier-Transformierte

Der Faltungssatz

Filter, wie sie in Kapitel 5 behandelt werden, sind im mathematischen Sinn Faltungen. Technisch werden sie mit Maskenoperatoren realisiert. Der Faltungssatz stellt einen Zusammenhang her zwischen Faltungen im Ortsraum und einer äquivalenten Operation im Ortsfrequenzraum, nämlich einer Multiplikationsoperation.

Damit können wir das gleiche Resultat entweder durch eine Filterung mit einem Maskenoperator im Ortsraum erreichen oder durch eine Multiplikation im Ortsfrequenzraum. Eine solche Transformation des Problems ist z.B. vorteilhaft beim Design von Filtern mit ganz bestimmten Eigenschaften.

Abbildung 4.13 veranschaulicht die Aussage des Faltungssatzes: Auf der linken Seite wirkt auf ein Bild ein Glättungsoperator, der die Kanten verwischt. Rechts wird die Fourier-Transformierte dieses Bildes mit einer Gewichtsfunktion multipliziert, die hochfrequente Anteile unterdrückt. Beide Ergebnisse sind wieder durch die Fourier-Transformation bzw. durch ihre Inverse ineinander überführbar.

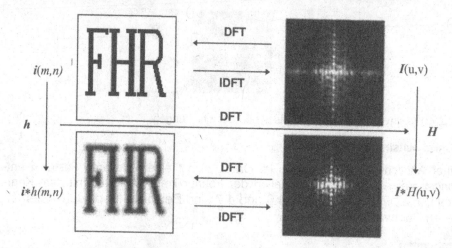

Abb. 4.13   Versanschaulichung des Faltungssatzes

Berechnung von Fourier-Transformationen

Für die numerische Berechnung von Fourier-Transformationen muß man von kontinuierlichen Funktionen übergehen zu Funktionen, die auf einem diskreten Bereich definiert sind. Die zu Beginn des Kapitels gezeigten Integraloperatoren werden dabei durch Summenoperatoren approximiert.

Ein weiterer wichtiger Schritt hin zur effizienten Berechnung von Fourier-Transformationen wurde Mitte der sechziger Jahre mit der Entwicklung der schnellen Fourier-Transformation (FFT) getan. Diese Verfahren gehören zu den wichtigsten numerischen Algorithmen überhaupt. Für eine eingehendere Behandlung dieser Thematik wird auf Anhang A verwiesen.

4.2 Aufgaben

1. Produzieren Sie Aliasing-Effekte, indem Sie eine geeignete Vorlage mit ca. 100 dpi einscannen. Bei manchen Scanner-Bedienprogrammen müssen Sie dazu einen Ausgabedrucker mit niedriger Auflösung einstellen oder Scannen in Fax-Qualität wählen.

2. Drehen Sie das Bild der Abbildung 4.4 um 90 Grad und berechnen Sie davon die Fourier-Transformierte. Vergleichen Sie das Ergebnis mit Abbildung 4.4.

3. Erzeugen Sie ein Bild mit einem konstanten Grauton und berechnen Sie dessen Fourier-Transformierte.

4. Berechnen Sie die Fourier-Transformierten verschieden großer schwarzer Quadrate und interpretieren Sie die Ergebnisse.

5. Strecken Sie die Cosinus-Schwingung der Abbildung 4.10 durch Zoomen in horizontaler Richtung um die Faktoren 2, 4, 8 und berechnen Sie jeweils die Fourier-Transformierten. Wie sind die Ergebnisse zu verstehen ?

6. Drehen Sie die Cosinus-Schwingung der Abbildung 4.10, schneiden Sie vom Ergebnis wieder ein quadratisches Bild heraus und berechnen Sie dessen Fourier-Transformierte. Wie erklären Sie sich das Resultat ?

7. Die Bilddatei COSXY.BMP enthält eine additive Überlagerung dreier Bildfunktionen:

$$c + \frac{c}{4} * \cos(ax) + \frac{c}{4} * \cos(ay)$$

Berechnen Sie die Fourier-Transformierte dieses Bildes und interpretieren Sie das Ergebnis.

8. Die Datei RAUTE.BMP enthält ein geschertes Quadrat. Dabei wurde nur die x-Koordinate transformiert, die y-Koordinate aber nicht verändert. Berechnen Sie die Fourier-Transformierte und interpretieren Sie das Ergebnis.

9. Berechnen Sie die Fourier-Transformierte des Bildes CTSCAN.BMP . Wenden Sie danach auf das Resultat eine inverse Fourier-Transformation an. Ist das Endergebnis mit dem Originalbild identisch ?

5 Filteroperatoren

Während Punktoperatoren nur Informationen über den aktuellen Bildpunkt berücksichtigen, wird bei den lokalen Operatoren – oft als Filter bezeichnet – auch die Pixelumgebung in die Berechnung mit einbezogen. Wie die Punktoperatoren werden sie hauptsächlich bei der Bild-Vorverarbeitung eingesetzt, um eine visuelle Beurteilung des Bildmaterials zu erleichtern oder nachgeschaltete Analyseverfahren vorzubereiten.

5.1 Merkmale lokaler Operatoren

Ein Filteroperator φ zur Transformation eines Bildes ist eine Abbildung, die einem Bildpunkt p_0 und N Punkten aus seiner lokalen Umgebung einen neuen Pixelwert für p_0 zuordnet:

$$\varphi : p_0 \to \varphi\left(p_0, p_1, p_2, \cdots, p_N\right).$$

Die Umgebungspunkte $p_0, p_1, p_2, \cdots, p_N$ werden nach einer festen Vorgabe aus der Umgebung von p_0 ausgewählt.

Homogene Operatoren

Eine wichtige Klasse lokaler Operatoren berechnet den neuen Pixelwert unabhängig von der Position des Bildpunktes und heißt daher *homogen* oder verschiebungsinvariant. Die Auswahl der Pixel in der Umgebung von p_0 erfolgt dabei mit einer Maske, die mit ihrem Zentrum über p_0 gelegt wird und dort spezifiziert, welche Punkte in der Umgebung einbezogen werden sollen. Üblicherweise läßt man die Maske von links nach rechts und von oben nach unten über das Bild laufen.

An den Bildrändern sind besondere Maßnahmen erforderlich, damit die Maske nur definierte Pixel trifft. Die wichtigsten Techniken dabei sind:
- den Rand im Zielbild unverändert vom Original übernehmen,
- den Rand im Zielbild ganz weglassen,
- das Originalbild an den Rändern spiegeln.

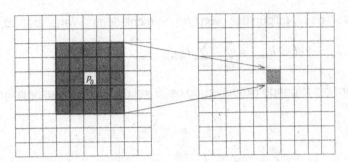

Die Wirkung von Filtern kann je nach dem Filtertyp sehr unterschiedlich sein. Wir können damit

- relevante Bildinhalte hervorheben, z.B. Kanten,
- Störungen beseitigen, z.B. Rauschen,
- die visuelle Beurteilung erleichtern, z.B. durch Erhöhen der Bildschärfe.

Lineare Filter

Lineare Filteroperatoren ermitteln den Pixelwert im Zielbild als eine lineare Funktion der Pixel in der durch die Maske definierten Umgebung. Die Maske ordnet dabei jedem Bildpunkt der Umgebung einen Gewichtsfaktor zu und berechnet damit eine Linearkombination der Umgebungspixel.

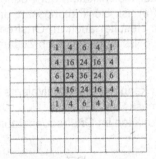

Im mathematischen Sinn handelt es sich bei linearen Maskenoperatoren um diskrete Faltungen oder digitale Filter. Praktische Bedeutung haben aber auch nichtlineare Operatoren, z.B. der Medianfilter.

Lineare, homogene Filter im Orts- und Ortsfrequenzraum

Diskrete Faltungen werden analog zur kontinuierlichen Faltung definiert (siehe Anhang A). Für eine zweidimensionale Bildfunktion $I = \left[I_{m,n} \right]$ hat die Faltung mit einem Maskenoperator $h = \left[h_{x,y} \right]$, der nur für die Umgebung $-u \leq x \leq u$ und

$-u \leq y \leq u$ des Nullpunktes von 0 verschiedene Werte besitzt, die Form:

$$I_{m,n} \rightarrow [I \otimes h]_{m,n} = \sum_{x=-u}^{u} \sum_{y=-u}^{u} I_{m-x,n-y} h_{x,y} .$$

Dabei wird die folgende Numerierung der Pixel und der Maskenpositionen angenommen:

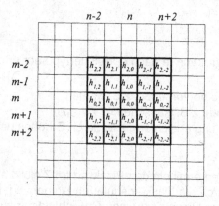

Der Abschnitt über Fourier-Transformationen hat gezeigt, daß eine solche Faltung im Ortsraum äquivalent zur Multiplikation der Fourier-Transformierten **DFT**(I) mit der Transferfunktion **DFT**(h) ist. Der Faltungssatz erlaubt uns daher, die Filterung mit dem entsprechenden Resultat auch im Ortsfreqenzraum durchzuführen. Das Diagramm der Abbildung 5.1 präzisiert diesen Zusammenhang.

Wir halten also fest:
Ein linearer Filteroperator kann auf zwei äquivalente Arten definiert werden:
– durch seine Operatormaske im Ortsraum,
– durch seine Transferfunktion im Ortsfrequenzraum.

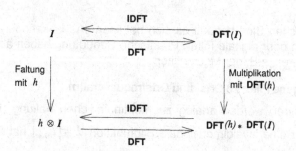

Abb. 5.1 Zusammenhang zwischen der Filterung im Orts- und im Ortsfrequenzraum

Eigenschaften linearer Filter

Homogene, lineare Filter besitzen nützliche Eigenschaften, die direkt aus den Linearitätseigenschaften der Operatoren und der Fourier-Transformation folgen. Sie gelten unabhängig davon, ob wir die Operation im Orts- oder Ortsfrequenzraum durchführen.

Linearität und Additivität
Für Bilder I, I_1 und I_2, reelle oder komplexe Skalare α und β sowie lineare Filter-Operatoren φ, φ_1 und φ_2 gilt

$$\varphi(\alpha I_1 + \beta I_2) = \alpha\varphi(I_1) + \beta\varphi(I_2)$$

und $\quad (\alpha\varphi_1 + \beta\varphi_2)(I) = \alpha\varphi_1(I) + \beta\varphi_2(I).$

Bei gleichem Effekt sind die Operationen auf der linken Seite der Gleichungen weniger aufwendig als auf der rechten. Wir können also Bilder und Operatoren vor der Filteroperation linear kombinieren.

Kommutativität und Assoziativität
Die Kommutativität und Assoziativität der linearen Filteroperatoren ist offensichtlich, wenn man sie als Multiplikation der Fourier-Transformierten mit der Transferfunktion versteht:

$$\varphi_1(\varphi_2(I)) = \varphi_2(\varphi_1(I))$$

und $$\varphi_1(\varphi_2(I)) = (\varphi_1\varphi_2)(I).$$

Insbesondere können wir also, statt mehrere Operatoren nacheinander auf ein Bild anzuwenden, einen einzigen Operator benutzen. Im Ortsraum ergibt dieser sich durch Faltung der einzelnen Operatormasken. Im Ortsfrequenzraum sind die Transferfunktionen miteinander zu multiplizieren.

Inverse Filteroperationen
Aufnahmefehler, wie z.B. eine unscharfe Abbildung durch das Objektiv oder eine Bewegungsunschärfe, können als Faltungsoperationen dargestellt werden. Zur Korrektur solcher Fehler ist man auf die Existenz der Umkehrabbildung angewiesen. Falls sie existiert, besteht die Möglichkeit, den Fehler durch einen inversen Filter zu eliminieren.

5.2   Tiefpaßfilter

Tiefpaßfilter schwächen die hochfrequenten Teile des Bildinhalts, also kleine Strukturen im Ortsraum, ab. Als typische Merkmale dieses Filtertyps sind festzustellen:

– Der visuelle Eindruck des Bildes wird weicher.
– Grauwert-Kanten werden verwischt.
– Details und Rauschen werden abgeschwächt.
– In homogenen Bereichen haben Tiefpaßfilter keine Auswirkung.

Wegen dieser Effekte werden sie auch Glättungsfilter genannt. Abbildung 5.2 zeigt die Wirkung eines solchen Filters auf ein Graustufenbild mit Pixelstörungen.

Abb. 5.2   Auswirkung eines Glättungsfilters auf ein Graustufenbild mit Pixelstörungen

Rechteckfilter

Der einfachste Operator dieses Typs ist der Rechteckfilter. Für eine 3x3-Umgebung besitzt er die Operatormaske:

$$R = \frac{1}{9} \begin{bmatrix} 1 & 1 & 1 \\ 1 & 1 & 1 \\ 1 & 1 & 1 \end{bmatrix}.$$

Er berechnet als neuen Wert für einen Bildpunkt das arithmetische Mittel aus den Umgebungspixeln. Statt einer 3x3-Maske können auch größere Masken verwendet werden, wodurch der Berechnungsaufwand aber schnell ansteigt. Seine Eigenschaften machen wir uns zunächst an einigen Beispielen klar:

Wirkung des Rechteckoperators auf eine Kante:

Eine scharfe Kante zwischen zwei Graustufen wird zu einem breiteren, allmählichen Übergang abgeschwächt. Dieser ist um so breiter, je größer die Maske gewählt wird.

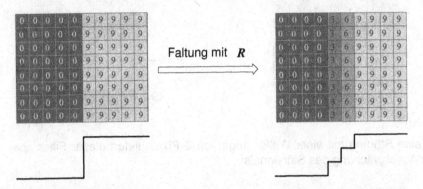

Faltung mit R

Einen ähnlichen Effekt erhalten wir an isolierten Störstellen. Die Störung wird über einen größeren Bereich verwischt, verschwindet aber nie ganz, wie das folgende Beispiel demonstriert:

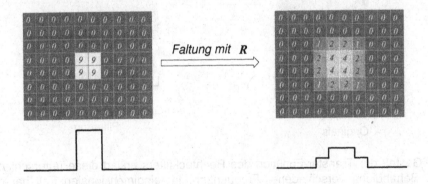

Faltung mit R

Periodische Störungen werden von demselben Filter in weniger überschaubarer Weise beeinflußt. Wir betrachten zunächst eine Störung mit einer Wellenlänge von *3* Pixeln. Sie wird von dem 3x3-Rechteckoperator ganz herausgefiltert:

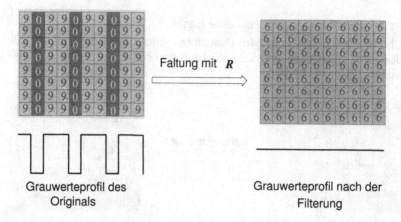

Grauwerteprofil des
Originals

Grauwerteprofil nach der
Filterung

Für eine Störung mit einer Wellenlänge von 2 Pixeln liefert dieser Filter aber nur eine Abschwächung des Störsignals:

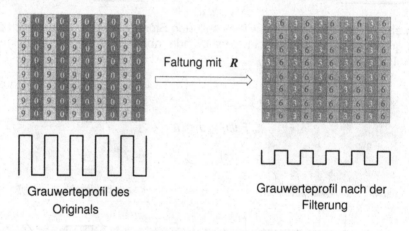

Grauwerteprofil des
Originals

Grauwerteprofil nach der
Filterung

Die Gestalt der Transfer-Funktion des Rechteckfilters erklärt diese unterschiedliche Behandlung verschiedener Frequenzen: Im eindimensionalen Fall hat die Transferfunktion eines Rechteckfilters die in Abbildung 4.6 gezeigte Form. Dem entnehmen wir, daß der Filter diejenigen Frequenzen im Bild vollständig unterdrückt, deren Peaks im Ortsfrequenzraum genau an den Nullstellen der Transferfunktion liegen. Andere Frequenzen werden unterschiedlich stark geschwächt.

Zweidimensionale Rechteck-Filter

Die Transfer-Funktion eines zweidimensionalen Rechteck-Filters hat die in Abbildung 5.3 dargestellte Form. Daraus geht deutlich ihre Richtungsabhängigkeit im Ortsfrequenzraum hervor.

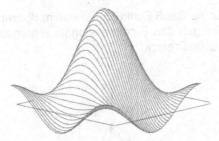

Abb. 5.3   Gestalt der Transferfunktion von Rechteck-Filtern

Rechteck-Filter sind aus den geschilderten Gründen keine idealen Tiefpaßfilter:
– Sie unterdrücken hochfrequente Anteile der Bildinformation nicht gleichmäßig.
– Sie können sogar zusätzliche Störungen verursachen.

Es liegt daher nahe, bessere Filteroperatoren mit Hilfe ihrer Transferfunktion zu suchen, die Frequenzen gleichmäßiger behandeln.

Gauß-Filter

Ein sinnvoller Weg zum Design solcher Filter ist es, eine Charakteristik für die Transferfunktion der Faltungsmaske vorzugeben und diese selbst daraus durch eine inverse Fouriertransformation zu ermitteln. Unter den kontinuierlichen Filtern besitzt die Gauß' sche Glocke eine geeignete Gestalt und ist darüber hinaus in ihrer Form durch geeignete Parameter gut variierbar (Abbildung 5.4). Ein zusätzlicher Vorteil ist, daß auch ihre Fourier-Transformierte eine Gauß-Glocke ist. Man verwendet daher oft diskrete Approximationen der Gauß-Glocke als Filter.

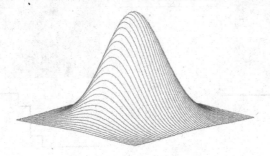

Abb 5.4   Gestalt von Gauß-Filtern

Eine gute Näherung für die Gauß-Funktion auf einem diskreten Definitionsbereich stellen Binomial-Verteilungen dar. Eindimensionale Binomialverteilungen ermittelt man mit dem Pascal' schen Dreieck:

$$
\begin{array}{ccccccccc}
& & & & 1 & & & & \\
& & & 1 & & 1 & & & \\
& & 1 & & 2 & & 1 & & \\
& 1 & & 3 & & 3 & & 1 & \\
1 & & 4 & & 6 & & 4 & & 1
\end{array}
$$

Zweidimensionale Binomialmasken erhält man daraus durch Faltung zweier eindimensionaler Binomialmasken; eine 3x3-Operatormaske also z.B. wie folgt:

$$
G = \frac{1}{4}[1,2,1] \otimes \frac{1}{4}\begin{bmatrix} 1 \\ 2 \\ 1 \end{bmatrix} = \frac{1}{16}\begin{bmatrix} 1 & 2 & 1 \\ 2 & 4 & 2 \\ 1 & 2 & 1 \end{bmatrix}.
$$

Die Wirkung eines Gauß-Filters auf eine Kante ist deutlich besser als die eines Rechteckfilters. Die Kante bleibt dabei steiler, wie das folgende Beispiel zeigt:

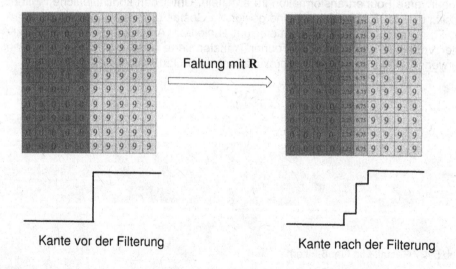

Faltung mit **R**

Kante vor der Filterung   Kante nach der Filterung

Auch feine Bildstrukturen werden von diesem Operator weniger stark verwischt als beim Rechteckfilter:

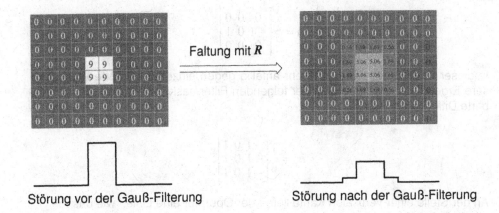

Störung vor der Gauß-Filterung   Störung nach der Gauß-Filterung

5.3 Hochpaßfilter

Hochpaßfilter werden eingesetzt, um feine Strukturen in einem Bild zu extrahieren oder zu verstärken. Als typische Effekte von Hochpaßfiltern lassen sich nennen:

– Der allgemeine Bildcharakter wird härter.
– Feine Bild-Details werden hervorgehoben.
– Grauwert-Übergänge (Kanten) werden verstärkt bzw. extrahiert.
– Homogene Bildbereiche werden gelöscht.

Geeignete Operatoren für die Hochpaß-Filterung ergeben sich aus der Überlegung, daß Kanten als Grauwert-Änderungen sich in der Ableitung der Bildfunktion $I = \left[I_{m,n} \right]$ ausdrücken.

5.3.1 Richtungsabhängige Differenzenoperatoren

Wir betrachten als ersten Ansatz die Approximation der partiellen Ableitung in horizontaler Achsenrichtung durch Differenzen-Operationen:

$$\frac{\partial I[x,y]}{\partial x} = \lim_{\Delta x \to 0} \frac{I[x + \Delta x, y] - I[x - \Delta x, y]}{2 \Delta x}.$$

Der folgende lineare Operator berechnet diesen Differenzenquotienten für alle Pixel eines Bildes:

$$h = \frac{1}{2}\begin{bmatrix} 0 & 0 & 0 \\ -1 & 0 & 1 \\ 0 & 0 & 0 \end{bmatrix}.$$

In dieser Form ist der Operator sehr anfällig gegen einzelne, gestörte Pixel. Bessere Ergebnisse erhält man mit der folgenden Filtermaske, die zusätzlich benachbarte Differenzen mittelt:

$$h_x = \frac{1}{6}\begin{bmatrix} -1 & 0 & 1 \\ -1 & 0 & 1 \\ -1 & 0 & 1 \end{bmatrix}.$$

An der Stelle einer vertikalen Kante liefert der Operator eine Linie, wie das folgende Beispiel zeigt:

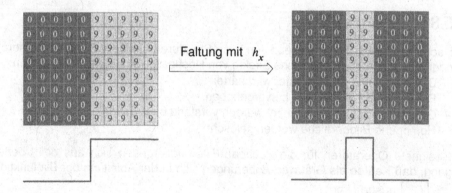

Wie erwartet löscht der Operator homogene Bereiche und detektiert vertikale Kanten. Gegen horizontale Kanten ist er jedoch unempfindlich, wie das nächste Beispiel zeigt:

Der Operator hat die beiden homogenen Bereiche wie erwartet gelöscht, die horizontale Kante bewirkt jedoch keinen Effekt. Generell heben richtungsabhängige

Operatoren also diejenigen Strukturen hervor, die quer zu ihrer Arbeitsrichtung verlaufen, während alle anderen weniger gut oder gar nicht detektiert werden. Eine wichtige Gruppe solcher richtungsabhängiger Filter sind die Sobel-Operatoren:

horizontaler Sobel-Operator   vertikaler Sobel-Operator:

$$S_x = \begin{bmatrix} -1 & 0 & 1 \\ -2 & 0 & 2 \\ -1 & 0 & 1 \end{bmatrix} \qquad S_y = \begin{bmatrix} -1 & -2 & -1 \\ 0 & 0 & 0 \\ 1 & 2 & 1 \end{bmatrix}$$

diagonale Sobel-Operatoren

$$S_d = \begin{bmatrix} 0 & -1 & -2 \\ 1 & 0 & -1 \\ 2 & 1 & 0 \end{bmatrix} \qquad S_d = \begin{bmatrix} -2 & -1 & 0 \\ -1 & 0 & 1 \\ 0 & 1 & 2 \end{bmatrix}$$

Abb. 5.5   Wirkung von Sobel-Operatoren
links: Originalbild, Mitte: horizontaler, rechts: vertikaler Operator

5.3.2 Richtungsunabhängige Differenzenoperatoren

Zur richtungsunabhängigen Detektion von Kanten stehen verschiedene Methoden zur Verfügung. Wir besprechen hier zwei Ansätze: einer geht vom Gradienten der Bildfunktion aus, ein anderer verwendet den Laplace-Operator.

Gradienten-Filter

Der Gradient der Bildfunktion, also der Vektor der partiellen Ableitungen

$$G = \left(\frac{\partial I[x,y]}{\partial x}, \frac{\partial I[x,y]}{\partial y} \right).$$

beschreibt die Grauwert-Änderungen eines Bildes I vollständig. Der Betrag des Gradienten ist unabhängig von der Lage des Koordinatensystems und gegeben durch

$$|G| = \sqrt{\left(\frac{\partial I[x,y]}{\partial x} \right)^2 + \left(\frac{\partial I[x,y]}{\partial y} \right)^2}.$$

Eine Approximation des Gradientenfilters erhält man mit Sobel-Operatoren, z.B. mit

$$G_1 = \sqrt{S_x^2 + S_y^2}$$

oder $$G_2 = |S_x| + |S_y|.$$

Mit dem Gradientenfilter haben wir somit einen richtungsunabhängigen Operator, der allerdings nicht linear ist.

Laplace-Filter

Ein anderer Ansatz für richtungsunabhängige Filter verwendet Ableitungsoperatoren zweiter Ordnung, z.B. den Laplace-Operator. Für kontinuierliche Funktionen ist der Laplace-Operator definiert durch:

$$L = \frac{\partial^2 I[x,y]}{\partial x^2} + \frac{\partial^2 I[x,y]}{\partial y^2}.$$

Um ihn für diskrete Bilder durch Differenzengleichungen zu approximieren, setzen wir:

$$\frac{\partial^2 I[x,y]}{\partial x^2} = \frac{\partial}{\partial x} \left[\frac{I[x+1,y] - I[x,y]}{(x+1) - x} \right]$$

$$= \left[\frac{I[x+1,y] - I[x,y]}{(x+1) - x} - \frac{I[x,y] - I[x-1,y]}{x - (x-1)} \right]$$

$$= I[x+1,y] - 2I[x,y] + I[x-1,y].$$

Analog ergibt sich für den zweiten Term

$$\frac{\partial^2 I[x,y]}{\partial y^2} = \frac{\partial}{\partial y}\left[\frac{I[x,y+1]-I[x,y]}{(y+1)-y}\right]$$

$$= I[x,y+1]-2I[x,y]+I[x,y-1].$$

Damit erhalten wir (bis auf das Vorzeichen) für den Laplace-Operator die Maske

$$L_1 = \begin{bmatrix} 0 & -1 & 0 \\ -1 & 4 & -1 \\ 0 & -1 & 0 \end{bmatrix}.$$

Es sind zahlreiche weitere Approximationen des Laplace-Operators möglich, etwa mit Binomialverteilungen. Beispiele dafür sind die folgenden Masken:

$$L_2 = \begin{bmatrix} 0 & -1 & -1 \\ -1 & 8 & -1 \\ -1 & -1 & 0 \end{bmatrix}, \quad L_3 = \begin{bmatrix} 1 & -2 & 1 \\ -2 & 4 & -2 \\ 1 & -2 & 1 \end{bmatrix}, \quad L_4 = \begin{bmatrix} -1 & -2 & -1 \\ -2 & 12 & -2 \\ -1 & -2 & -1 \end{bmatrix}.$$

Abb. 5.6   Wirkung des Laplace-Filters
links: Originalbild,   Mitte: Resultat einer Laplace-Filterung,
rechts: Resultat einer LoG-Filterung

Abbildung 5.6 zeigt die Wirkung eines Laplace-Filters. Dargestellt ist dabei der Betrag des Operators. Der Laplace-Operator ist sehr empfindlich gegen Rauschen und geringe Grauwert-Schwankungen. Dies kann man dadurch verhindern, daß das Bild zunächst einer Glättung unterworfen wird, z.B. mit einem Gauß-Filter. Das Ergebnis eines solches LoG-Filters (Laplacian of Gauss) zeigt die Abbildung 5.6 rechts.

5.4   Nichtlineare Filter

Lineare Operatoren besitzen in manchen Fällen inhärente Nachteile: So unterdrückt ein linearer Glättungsoperator zwar das Rauschen, aber er verursacht
gleichzeitig Unschärfe bei den Kanten. Man benutzt daher auch nichtlineare Filter,
von denen die Rangordnungsoperatoren einen wichtigen Typ darstellen.

Rangordnungsoperatoren

Rangordnungsoperatoren bringen zunächst die Nachbarpixel eines Bildpunktes in
eine geordnete Reihe und ermitteln dann daraus einen neuen Grauwert. Häufig
benutzte Strategien wählen z.B.

– das Maximum der Umgebungspixel,
– das Minimum der Umgebungspixel oder
– den Medianwert der Umgebungspixel.

Abbildung 5.7 verdeutlicht das Prinzip der Methode. Je nach der Auswahlstrategie
lassen sich unterschiedliche Effekte erzielen:

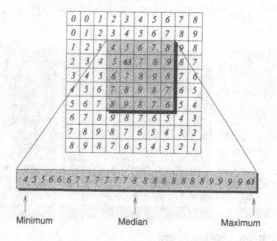

Abb. 5.7   Funktionsweise von Rangordnungoperatoren

Median-Filter

Bei diesem Filter wird der Grauwert auf der mittleren Position der geordneten Folge von Umgebungspixeln ausgewählt. Typische Eigenschaften des Median-Filters
sind:

– Isolierte Störungen werden ohne Nebeneffekte eliminiert.

– Kanten und lineare Grauwertverläufe bleiben unverändert.

Medianfilter sind daher oft besser als lineare Glättungsfilter geeignet, Pixelstörungen zu eliminieren. Der Abbildung 5.7 können wir entnehmen, daß der gestörte Bildpunkt mit dem Grauwert 63 den Medianwert nicht beeinflußt und daher ohne Nebenwirkungen eliminiert wird. Die Abbildung 5.8 zeigt den Effekt auf ein Graustufenbild:

Abb. 5.8   Wirkung des Medianfilters auf ein gestörtes Graustufenbild

Morphologische Operatoren

Morphologische Operatoren nutzen Informationen über die Gestalt von Objekten zur Beseitigung von Störungen aus. Sie können sowohl auf Binär- als auch auf Graustufenbilder angewandt werden. Außerdem läßt sich ihre Wirkung durch die Form der Umgebungsmaske steuern. Dadurch können wir auch eine Richtungsabhängigkeit der Operatoren erreichen. Häufig anzutreffende, nichtquadratische Umgebungsmasken sind z.B. die folgenden:

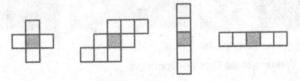

Wichtige Typen morphologischer Operatoren sind:

– *Dilatations-Operator*
Er wählt den maximalen Wert aus der geordneten Folge der Umgebungspixel aus. Dadurch dehnen sich die hellen Gebiete auf Kosten der dunklen aus.

– *Erosions-Operator*
Er wählt den kleinsten Wert aus der geordneten Folge der Umgebungspixel aus. Damit dehnen sich die dunklen Gebiete auf Kosten der hellen Gebiete aus.

- *Closing-Operator*
  Beim Closing werden zunächst eine Dilatation und danach eine Erosionsoperation ausgeführt. Dabei werden kleine Lücken in Objekträndern geschlossen.

- *Opening-Operator*
  Dabei handelt es sich um eine Erosions-Operation mit nachfolgender Dilatation. Ausgefranste Objektränder werden dabei "glattgehobelt" und kleine Strukturen, z.B. Pixelstörungen oder dünne Linien werden ganz unterdrückt.

Die folgenden Abbildungen zeigen Beispiele zur Wirkung morphologischer Operatoren auf Binärbilder.

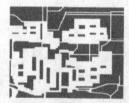

Abb. 5.9   Wirkung eines Erosions-Filters

Abb. 5.10   Wirkung eines Dilatations-Filters

Abb. 5.11   Wirkung eines Closing-Operators

Abb. 5.12   Wirkung eines Opening-Operators

5.5   Aufgaben

1. Die Bilddatei RANDOM.BMP enthält ein Graustufenbild, das mit einem Rauschsignal gestört wurde. Vergleichen Sie die Wirkungen des Rechteck-, Gauß- und Medianfilters auf dieses Bild.

2. Die Datei GITTER.BMP enthält eine schwarzweiße Linienstruktur. Vergleichen Sie die Wirkungen des Rechteck-, Gauß- und Medianfilters auf dieses Bild.

3. Berechnen Sie die Fourier-Transformierte des Bildes CTSCAN.BMP.
   - Glätten Sie nun das Originalbild mit einem Tiefpaßfilter und wenden Sie dann darauf eine Fourier-Transformation an.
   - Bearbeiten Sie das Originalbild mit einem Hochpaßfilter und wenden Sie dann darauf eine Fourier-Transformation an.
   Wie ist der Unterschied zwischen den Fourier-Transformierten zu erklären ?

4. Vergleichen Sie die Wirkung eines Gauß-, eines Rechteck- und eines Medianfilters auf das gestörte Bild der Abbildung 5.2.

5. Wenden Sie Sobeloperatoren unterschiedlicher Richtung auf das Bild CTSCAN.BMP an. Wie ist die Wirkung zu erklären ?

6. Korrigieren Sie im gestörten Bild der Abbildung 5.8 die Störungen mit einem Rechteck-, einem Gauß-, und einem Medianfilter. Wie ist die unterschiedliche Wirkung zu erklären ?

7. Schärfefilter erhöhen die Kantenschärfe in einem Bild. Dazu sind zwei Operationen zu kombinieren: Zunächst werden die Kanten mit einem Hochpaßfilter extrahiert. Danach wird das Kantenbild mit einem geeigneten Faktor auf das Originalbild addiert. Schärfen Sie das Bild CTSCAN.BMP, indem Sie diese Operationen einzeln nacheinander durchführen.

8. Abbildung 5.9 enthält Gebäudegrundrisse und Wege eines Kartenausschnitts. Bestimmen Sie den Prozentsatz der überbauten Fläche, indem Sie zunächst mit geeigneten morphologischen Operatoren die Wege beseitigen und dann das Histogramm des Resultats berechnen.

6   Bildsegmentierung

Punktoperatoren und lokale Operatoren werden dem Bereich der "Low Level Vision" zugeordnet und dienen hauptsächlich dazu, das Bildmaterial für eine visuelle oder automatische Auswertung aufzubereiten. Die auf ihnen aufbauenden Segmentierungsverfahren haben zum Ziel, Objekte zu erkennen und sie vom Hintergrund sowie voneinander zu unterscheiden. In weiteren Analyseschritten können die Objekte dann gezählt, vermessen oder in anderer Weise weiterverarbeitet werden.

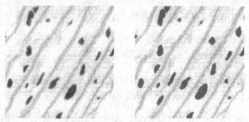

Abb. 6.1   Identifikation von Zellkernen

Für die Segmentierung von Bildern wurden sehr unterschiedliche Ansätze entwickkelt:

Elementare Segmentierungsverfahren

Wenn sich die Objekte durch ihren Grauwert differenzieren lassen, stellen die Methoden zur Erzeugung von Binär- und Äquidensitenbildern einfache Segmentierungstechniken dar. In vielen Fällen erfüllt das Bildmaterial aber nicht die notwendigen Voraussetzungen, so daß außer dem Grauwert zusätzliche Informationen herangezogen werden müssen oder ganz andere Ansätze gewählt werden.

Segmentierung durch Klassifikation

Während die elementaren Segmentierungsverfahren auf der Grauwerteskala als eindimensionalem „Merkmalsraum" arbeiten, liegt den Klassifikationsverfahren ein mehrdimensionaler Raum von Bildpunkt-Merkmalen zugrunde. Als Merkmale kommen außer den Grau- oder Farbwerten der Pixel unterschiedlichste Bildpunkteigenschaften in Frage: Texturmerkmale, Grauwert-Gradienten, Infrarot-Intensität und andere. Auf dieser breiteren Informationsbasis können dann bessere Resultate erzielt werden.

Weitere Methoden zur Segmentierung von Bildmaterial sind

– *Kantenorientierte Segmentierung*

Diese Verfahrensgruppe extrahiert zunächst die Kanten zwischen Objekten und Hintergrund und erzeugt damit ein Binärbild, das nur noch die Randlinien der Objekte enthält. Als Kriterium kann dabei z.B. der Gradient der Grauwerteverteilung im Bild benutzt werden. Durch Auffüllen der Bereiche innerhalb der Ränder erhält man dann die den Objekten zugeordneten Bildsegmente.

– *Regionenorientierte Segmentierungsverfahren*

Das Charakteristikum dieser Verfahren ist, daß sie für die Zuordnung eines Bildpunktes zu einer Objektklasse auch Eigenschaften seiner Nachbarn heranziehen:

- Regionenwachstumsverfahren vergrößern ausgehend von Regionenkeimpunkten Bildbereiche sukzessiv durch Hinzunahme neuer Bildpunkte, die ein Homogenitätskriterium erfüllen.

- Baumorientierte Verfahren basieren auf einer Bild-Repräsentation durch Baumstrukturen (Pyramiden oder Quad Trees). Sie nutzen dabei aus, daß homogene Bereiche des Bildes durch einen einzigen Knoten repräsentiert werden können.

6.1   Elementare Segmentierungsverfahren

In geeigneten Fällen lassen sich die Objekte in einem Bild voneinander und vom Hintergrund aufgrund von Unterschieden in ihren Grauwerten differenzieren. Die Aufgabe der Segmentierung besteht dann nur darin, für jedes Pixel aufgrund seines Grauwertes zu entscheiden, welcher Objektklasse es zuzuordnen ist.

Binarisierung mit fester Schwelle

Diese Methode legt einen für das ganze Bild konstanten Schwellwert c fest und ordnet jedem Bildpunkt $I_{m,n}$ mit dem Grauwert g_{alt} einen neuen Grauwert g_{neu} zu nach der Vorschrift:

$$g_{neu} = \begin{cases} 0, & \text{falls} \quad g_{alt} \leq c, \\ 1, & \text{falls} \quad g_{alt} > c. \end{cases}$$

Neben der Eignung des Bildmaterials ist die Position des Schwellwertes c entscheidend für den Erfolg der Binarisierung. Die notwendigen Informationen zur Wahl von c kann man oft dem Histogramm entnehmen: Zeigt dieses zwei ausgeprägte Maxima, nämlich je eines für den Hintergrund und eines für die Objekte, dann wählt man als Schwellwert das Minimum zwischen den beiden Extremwerten (Abbildung 6.2).

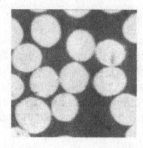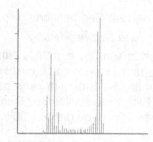

Abb. 6.2   Ein Bild mit bimodalem Histogramm

Eine konstante Schwelle reicht in vielen Fällen für die Binarisierung nicht aus. Oft sind adaptive Methoden erfolgreicher. Einige davon werden im folgenden zusammengestellt:

Lokale Glättung

Eine für das ganze Bild gewählte Schwelle c_0 wird durch den lokalen Mittelwert m modifiziert:

$$c = c_0 - w*m,$$

wobei w einen geeignet gewählten Gewichtsfaktor für die Anpassung der Schwelle darstellt. Sind die Objekte hell und der Hintergrund dunkel, so ergibt dies

– im Innern von Objekten eine niedrigere Schwelle: dunkle Störstellen im Objekt werden daher als Objektpixel erkannt;

– in Hintergrundbereichen eine höhere Schwelle: helle Störungen in den dunklen Hintergrundbereichen werden daher als Hintergrundpixel erkannt.

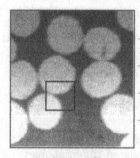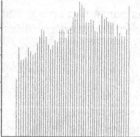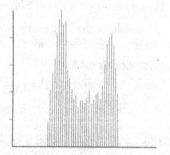

ungleichmäßig   globales Histogramm   lokales Histogramm
ausgeleuchtetes Bild   der markierten Fläche

Abb. 6.3   Globales und lokales Histogramm bei ungleichmäßiger Ausleuchtung

Lokale Bimodalitätsprüfung

Bei ungleichmäßiger Ausleuchtung kann die Bimodalität des globalen Histogramms verlorengehen, so daß daraus kein globaler Schwellwert abgeleitet werden kann. Das Histogramm für einen kleineren Bildausschnitt kann in diesem Fall trotzdem bimodal sein, so daß sich daraus ein lokaler Schwellwert für diesen Bereich ableiten läßt, wie Abbildung 6.3 zeigt.

Eine Segmentierung muß demnach die Bimodalitätsprüfung auf Unterbereiche des Gesamtbildes einschränken. Wenn das lokale Fenster ganz innerhalb von Objekt- oder Hintergrundbereichen zu liegen kommt, geht auch dafür die Bimodalität verloren. In diesem Fall arbeitet man mit der zuletzt ermittelten Schwelle weiter.

Hysterese

Der Schwellwert für c für die Binarisierung wird in jedem Bildpunkt neu berechnet nach der Vorschrift:

$$c = \begin{cases} c_0, & \text{falls} \quad g_a + g_b = 1, \\ c_0 + q_0, & \text{falls} \quad g_a = g_b = 0, \\ c_0 - q_0, & \text{falls} \quad g_a = g_b = 1. \end{cases}$$

Dabei ist c_0 eine für das ganze Bild konstante Schwelle, g_a und g_b sind zwei schon binarisierte Grauwerte von Punkten in der Umgebung des aktuellen Bildpunktes, z.B. der 2-Nachbar und der 4-Nachbar.

Solange man Pixel im Innern des Objekts transformiert, gilt also $g_a = g_b = 1$, und es wird mit der tieferen Schwelle $c_0 - q_0$ gearbeitet. Analog arbeitet man innerhalb von Hintergrundbereichen mit der erhöhten Schwelle $c_0 + q_0$ und in Randbereichen mit dem exakten Schwellwert c_0.

Diese hystereseartige Modifikation der Binarisierungsschwelle wirkt innerhalb von Objekt- und Hintergrundbereichen als Rauschunterdrückung. Nachteilig dabei ist aber, daß eventuell kleine Bilddetails verlorengehen können.

Beispiel

Das folgende Bild mit einer Grauwertmenge $G = [0..9]$ enthält ein helles quadratisches Objekt vor dunklem Hintergrund. Durch Aufnahmefehler ist das Objektzentrum dunkler abgebildet:

Eine konstante Schwelle, wie auch eine lokale Bimodalitätsprüfung würden für dieses Bild fehlerhafte Ergebnisse liefern. Eine Schwellwert-Ermittlung mit den Hysterese-Parametern $c_0 = 4$ und $q_0 = 2$ ergibt dagegen eine korrekte Unterscheidung zwischen Objekt und Hintergrund.

```
2 1 2 3 4 5 4 3 3 3 2 1 1
1 2 2 3 5 4 3 5 4 3 2 1 2
1 2 8 8 8 8 8 8 8 8 8 2 3
2 3 8 7 7 7 7 7 7 7 8 2 3
3 4 8 7 6 6 6 6 6 7 8 3 2
4 5 8 7 6 5 5 5 6 7 8 3 3
5 6 8 7 6 5 4 5 6 7 8 2 3
4 5 8 7 6 5 5 5 6 7 8 2 3
2 3 8 7 6 6 6 6 6 7 8 3 2
1 2 8 7 7 7 7 7 7 7 8 2 1
1 2 8 8 8 8 8 8 8 8 8 2 1
2 3 2 3 4 3 4 5 3 3 2 2 2
2 1 2 3 4 5 4 3 2 1 2 1 1
```

6.2   Grundlagen der Segmentierung durch Klassifikation

In diesem Abschnitt stellen wir die für die Klassifikation notwendigen Begriffsbildungen zusammen.

Merkmalsextraktion

Die Wahl geeigneter Merkmale für die Klassifikation stellt eine wichtige Vorbedingung für eine erfolgreiche Segmentierung dar. Als Merkmale kommen sehr unterschiedliche Größen in Frage. Beispiele für rein bildpunktbezogene Merkmale sind:

- der Grauwert der Pixel,
- die Rot-, Grün- und Blau-Anteile der Pixelfarbe oder
- die Intensität in nichtsichtbaren Spektralbereichen.

Daneben können auch regionenorientierte Merkmale herangezogen werden, die einen Bildpunkt durch Merkmale seiner lokalen Umgebung charakterisieren, z.B.

- der Grauwert-Gradient,
- der lokale Kontrast,
- Texturmerkmale,
- topologische Bildpunkteigenschaften (z.B. Lage im Innern einer Fläche),
- geometrische Merkmale (z.B. Lage auf einer Geraden).

Auch die zeitliche Veränderung von Merkmalen in Bildfolgen kann als Merkmal genutzt werden.In jedem Fall sollte bereits bei der Aufnahme der Bilder berücksichtigt werden, welche Merkmale für die spätere Analyse eine Rolle spielen.

Eindimensionale Merkmalsräume

Wir können z.B. den Grauwertebereich eines Bildes als einen eindimensionalen Merkmalsraum verwenden. Damit sich die Objekte aufgrund ihrer Grauwerte eindeutig voneinander trennen lassen, muß das Histogramm in gut unterscheidbare Intervalle einteilbar sein. Seine lokalen Minima sind dann die Schwellwerte für die Klassifikation (Abbildung 6.4).

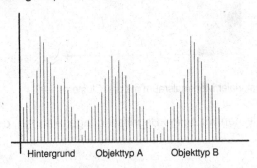

Abb. 6.4 Klassifikation in einem eindimensionalen Merkmalsraum

Mehrdimensionale Merkmalsräume

Oft genügt für die Segmentierung nicht ein einziges Merkmal. Es wird dann jedem Bildpunkt ein Vektor der relevanten Merkmale zugeordnet. Jeder Bildpunkt stellt damit einen Punkt in einem n-dimensionalen Merkmalsraum dar.

Ein idealisiertes Beispiel eines solchen Merkmalsraumes zeigt Abbildung 6.5. Aus einem RGB-Farbbild wurden dort die Rot- und die Blau-Intensität als Objektmerkmale extrahiert. Der Hintergrund ist dunkel, und es kommen zwei Objekttypen mit unterschiedlicher Farbtönung in der Szene vor.

Die Merkmalsvektoren der Hintergrundpixel konzentrieren sich im Bereich [1]. Die Merkmalsvektoren für die beiden Objekttypen bilden (im Idealfall) gut zu differenzierende Punktwolken [2] und [3] im Merkmalsraum. Diese Punktwolken bezeichnet man als Cluster.

Mit nur einem der beiden Kanäle als Entscheidungskriterium wäre eine Trennung der Objekte in diesem Beispiel nicht eindeutig möglich, weil sich die Merkmale verschiedener Objekttypen dann überlappen.

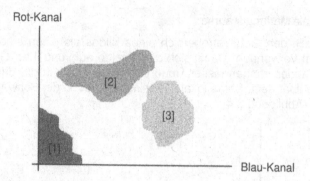

Abb. 6.5   Zweidimensionaler Merkmalsraum mit drei Clustern

Für das Folgende lernen wir einige Begriffsbildungen kennen, die aus der Cluster-Analyse stammen:

Objektklassen

Eine Szene enthält einzelne Objekte, die den Objektklassen $O_1, O_2, O_3, ...$ angehören, z.B.

O_1 = { rote, runde Punkte   },
O_2 = { weiße, dreieckige Flächen   },
O_3 = { dunkler, gerasterter Hintergrund }.

Die Elemente einer Objektklasse besitzen gemeinsame Merkmale (Farbe, Form), durch die sie sich von Elementen anderer Objektklassen unterscheiden.

Musterklassen

Eine Objektklasse wird im Merkmalsraum durch eine Menge von Merkmalsvektoren repräsentiert, die sie im Idealfall eindeutig charakterisieren wie in der Abbildung 6.5. Der Merkmalsraum ist in diesem Fall in disjunkte Regionen (Cluster) zerlegbar, die auch Musterklassen genannt werden.

Klassifikation

Eine typische Aufgabenstellung der Bildanalyse ist es, bei einem vorgegebenen Merkmalsraum mit bekannten Musterklassen zu jedem Pixel eines neuen Bildes zu entscheiden, welcher Musterklasse sein Merkmalsvektor angehört. Das Pixel kann dann einer Objektklasse zugeordnet werden. Dieser Vorgang heißt Klassifikation.

Clusteranalyse
In vielen Fällen ist die Struktur des Merkmalsraums noch unbekannt. Dann müssen wir aus Testbildern (Stichproben) zunächst die Anzahl der Musterklassen und

ihre Lage im Merkmalsraum bestimmen. Mit dieser Kenntnis läßt sich dann weiteres Bildmaterial klassifizieren.

Realisation einer Musterklasse

Ordnet man die einer Stichprobe entnommenen Merkmalsvektoren den Musterklassen des Merkmalsraumes zu, so treten diese mit unterschiedlichen Häufigkeiten auf. Die einer Musterklasse zugeordneten Merkmalsvektoren der Stichprobe zusammen mit ihren Häufigkeiten heißen eine Realisation dieser Musterklasse.

Ist eine Realisation einer Musterklasse durch Merkmalsvektoren gegeben und bezeichnet man mit m_i die N verschiedenen Werte der Merkmalsvektoren und mit h_i ihre Häufigkeiten, dann wird eine Realisation dargestellt durch die Menge

$$\left\{ \left(m_i, h_i \right) \mid 0 \le i \le N - 1 \right\}.$$

Beispiel

Wir veranschaulichen das Prinzip der Klassifikation an einem einfachen Zweikanalbild mit 7x7 Bildpunkten. Die Rasterfelder [a] und [b] stellen die beiden Bildkanäle dar. Jede Matrixposition entspricht einem Pixel und gibt die Intensitäten des Rot- bzw. des Blau-Anteils in der Pixelfarbe an:

	0	1	2	3	4	5	6
0	1	3	1	2	2	6	5
1	2	1	2	3	5	5	6
2	1	2	1	5	5	3	3
3	2	2	5	6	5	5	3
4	3	5	6	6	3	3	1
5	4	6	6	4	3	1	2
6	5	5	6	3	1	2	1

[a]   Kanal 1 des Bildes

	0	1	2	3	4	5	6
0	4	3	4	5	5	1	1
1	3	3	4	3	3	3	1
2	4	4	3	3	3	4	4
3	5	5	1	3	2	1	3
4	4	1	3	2	4	4	4
5	1	1	2	1	3	3	3
6	2	2	1	4	4	3	3

[b]   Kanal 2 des Bildes

Das nächste Rasterfeld zeigt eine Realisation der Musterklassen, die aus einer Stichprobe ähnlicher Bilder ermittelt worden sein könnte. Jede der 8x8 Matrixpositionen entspricht einem möglichen Wert der Merkmalsvektoren. Auf jeder Position ist die Häufigkeit der Merkmalsvektoren mit diesem Wert angegeben.

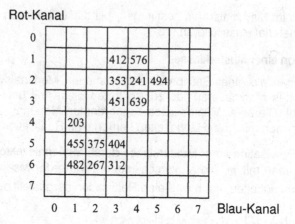

Rot-Kanal

Blau-Kanal

Das nächste Rasterfeld zeigt schließlich das segmentierte Bild mit zwei Objekten derselben Klasse *A* und dem Hintergrund *B*. Auf den Matrixpositionen sind die Objekttypen eingetragen, denen die Pixel zugeordnet wurden.

	0	1	2	3	4	5	6
0	A	A	A	A	A	B	B
1	A	A	A	A	B	B	B
2	A	A	A	B	B	B	A
3	A	A	B	B	B	A	A
4	A	B	B	B	A	A	A
5	B	B	B	B	A	A	A
6	B	B	B	A	A	A	A

Nach ihrer Strategie unterscheidet man verschiedene Typen von Klassifikationsverfahren:

Überwachte Klassifikation

Bei diesen Verfahren wird aufgrund von bekanntem Bildmaterial (Stichproben) mit einer im voraus bekannten Zahl von Objekttypen die Ausdehnung der Musterklassen im Merkmalsraum ermittelt und festgehalten. Die Klassifikation unbekannten Bildmaterials beschränkt sich dann darauf, zu jedem Bildpunkt in einem neu vorgelegten Bild zu bestimmen, zu welcher Musterklasse sein Merkmalsvektor gehört (Abbildung 6.6).

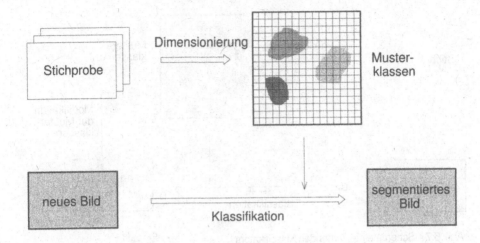

Abb. 6.6   Schema der überwachten Klassifikation

Unüberwachte Klassifikation

Hier sind zunächst weder die Anzahl der Musterklassen bekannt noch ihre Verteilung im Merkmalsraum. Dies ergibt sich durch eine Cluster-Analyse aus dem vorgelegten Bildmaterial während der Klassifikation.

Lernende Klassifikationsverfahren

Lernende Klassifikatoren können im Verlauf der Analyse die Dimensionierung der Musterklassen modifizieren und damit an Veränderungen des Bildmaterials dynamisch anpassen (Abbildung 6.7):

Beispiele

– *Überwachte Klassifikatoren*
Eine typische Situation für ein überwachtes Klassifikationsverfahren liegt vor, wenn in mikroskopischen Aufnahmen verschiedene Zelltypen identifiziert und gezählt werden müssen. Für diesen Einsatzfall läßt sich mit bekanntem Material die Verteilung der Musterklassen im Merkmalsraum ermitteln. Weitere Aufnahmen können mit dieser Verteilung dann automatisch analysiert werden.

– *Unüberwachte Klassifikatoren*
Bei der Analyse von Luftbildern, etwa zur Kartierung landwirtschaftlicher Anbauflächen, könnte zunächst sowohl die Zahl der auf den Bildern enthaltenen Vegetationsformen als auch die Verteilung ihrer charakteristischen Merkmale unbekannt sein. In diesem Fall ist ein unüberwachtes Klassifikationsverfahren notwendig.

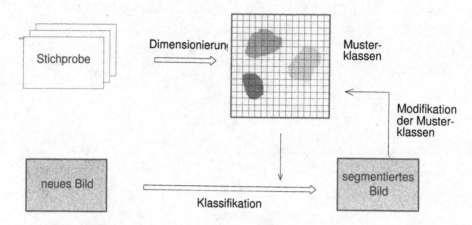

Abb. 6.7   Schema eines lernenden Klassifikators

– Lernende Klassifikatoren
Während der Kontrolle mechanischer oder elektronischer Bauteile können sich durch wechselnde Beleuchtung oder Fertigungstoleranzen Veränderungen der Objektfarben ergeben. Wird ein lernender Klassifikator eingesetzt, so kann er sich automatisch diesen Veränderungen anpassen.

Fehler bei der Klassifikation

Hat man durch die Analyse einer Stichprobe eine Realisation einer Musterklasse gefunden, so können dabei Fehler aufgetreten sein (s. Abbildung 6.8):

– Durch die Stichprobe können Merkmale erfaßt worden sein, die die Musterklasse gar nicht charakterisieren [a]. In diesem Fall werden später bei der Klassifizierung Bildpunkte zu Unrecht in diese Klasse eingeordnet.

– Die Stichprobe kann zu wenig Merkmale enthalten. Damit fällt die Repräsentation der Musterklasse zu klein aus, und später können Bildpunkte, die ihr angehören, nicht alle korrekt zugeordnet werden [b].

Zur Klassifikation wird der grau unterlegte Bereich in Abbildung 6.8 verwendet. Ein lernender Klassifikator kann solche Fehler dadurch ausgleichen, daß er aufgrund der bisher gefundenen Merkmale die Musterklassen modifiziert.

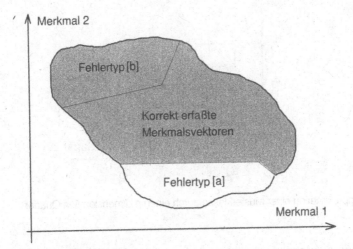

Abb. 6.8   Fehlertypen bei der Klassifikation

6.3   Numerische Klassifikation

Alle Klassifikationsverfahren haben die Aufgabe, die Pixel eines unbekannten Bildes aufgrund ihrer Merkmale einer Musterklasse zuzuordnen. Im Prinzip ist dies mit einer Tabelle lösbar, die zu jedem möglichen Merkmalsvektor angibt, zu welcher Klasse er gehört. Dieses Vorgehen scheitert jedoch an dem hohen Speicherbedarf für eine solche Tabelle: Für einen dreidimensionalen Merkmalsraum mit 256 diskreten Werten für jedes Merkmal wären schon $256^3 = 16$ Millionen Tabelleneinträge erforderlich.

Es ist daher notwendig, die Zugehörigkeit analytisch zu entscheiden. Am bekanntesten sind die folgenden Ansätze dafür:

– Näherungsverfahren, z.B. die Quadermethode,
– geometrische Ansätze, z.B. der Minimum-Distance-Klassifikator, und
– statistische Ansätze, z.B. der Maximum-Likelihood-Klassifikator.

Zur Vereinfachung der Darstellung benutzen wir in den folgenden Abschnitten nur ein- und zweidimensionale Merkmalsräume.

6.3.1   Die Quadermethode

Bei der Quadermethode werden die Musterklassen durch achsenparallele Quader, im zweidimensionalen Fall also durch Rechtecke, im Merkmalsraum approximiert, wie Abbildung 6.9 zeigt.

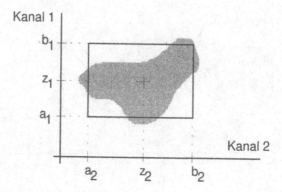

Abb. 6.9   Approximation einer Musterklasse durch einen n-dimensionalen Quader

Um Lage und Ausdehnung der approximierenden Rechtecke zu berechnen, gehen wir von der Realisation einer Musterklasse aus, die aufgrund einer Stichprobe ermittelt wurde:

$$\left\{ \left(m_i, h_i\right) \mid 0 \le i \le N - 1 \right\} \quad \text{mit} \quad m_i = \left(u_i, v_i\right).$$

Als das Zentrum des Quaders können wir den Schwerpunkt, also den Mittelwert aller Merkmalsvektoren, benutzen:

$$\left(z_1, z_2\right) = \frac{1}{N} \sum_{i=0}^{N-1} \left(u_i, v_i\right) * h_i \ .$$

Die Größe des Quaders ermitteln wir aus der Varianz der Merkmalsvektoren. Wir wählen $a_i = z_i - c\sqrt{q_i}$ und $b_i = z_i + c\sqrt{q_i}$, wobei q_i für $i = 1, 2$ die Streuung der Komponenten der Merkmalsvektoren ist und c eine geeignet gewählte Konstante.

Falls die Quader q paarweise disjunkt zueinander sind, wie in der Abbildung 6.10, dann erhält man ein besonders einfaches Klassifizierungskriterium: Für einen zu klassifizierenden Merkmalsvektor *(u,v)* sind nur Vergleichsoperationen der Form

$$a_1^q \le u \le b_1^q \quad \text{und} \quad a_2^q \le v \le b_2^q$$

notwendig, um über die Zugehörigkeit von *(u,v)* zu einer Musterklasse zu entscheiden. Häufig sind Überdeckungen jedoch nicht zu vermeiden. In solchen Fällen ist eine Klassifikation mit den weiter unten besprochenen Methoden notwendig.

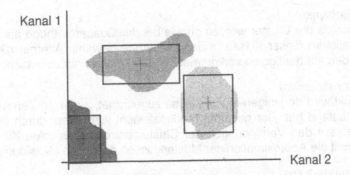

Abb. 6.10   Approximation der Musterklassen durch paarweise disjunkte Quader

6.3.2   Die Minimum-Distance-Methode

Der Minimum-Distance-Klassifikator charakterisiert die Musterklassen durch ihr Zentrum und ordnet bei der Klassifikation einen Bildpunkt derjenigen Klasse zu, zu deren Zentrum er den geringsten Abstand hat. Um diese Idee zu einem Verfahren auszubauen, sind weitere Konkretisierungen nötig:

Abstandsmaß
Zur Berechnung der Distanzen ist die euklidische Norm gebräuchlich, es können aber auch andere Abstandsbegriffe benutzt werden, z.B. die Maximum-Norm.

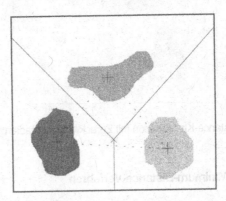

Abb. 6.11   Zerlegung des Merkmalsraums bei der Minimum-Distance-Methode

Cluster-Mittelpunkte
Die Mittelpunkte der Cluster werden oft wie bei der Quadermethode als Mittelwert der Realisationen dieser Klasse in der Stichprobe gewählt. Alternativ kann man aber auch den am häufigsten vorkommenden Merkmalsvektor benutzen.

Klassifikationskriterium
Ein Bildpunkt wird derjenigen Musterklasse zugeordnet, zu deren Zentrum er den kleinsten Abstand hat. Der gesamte Merkmalsraum wird dabei durch die Mittelsenkrechten auf den Verbindungen der Clusterzentren in disjunkte Klassen zerlegt, die damit die Approximation der Musterklassen darstellen (Abbildung 6.11).

Zurückweisungsradius
Oft ist es zweckmäßig, außer der minimalen Distanz zu einem Clusterzentrum ein weiteres Klassifikations-Kriterium festzulegen: Es wird ein global gültiger oder individuell für jedes Cluster berechneter Zurückweisungsradius bestimmt. Ein Bildpunkt wird einer Musterklasse nur dann zugeordnet, wenn er zu ihrem Zentrum den kleinsten Abstand hat und außerdem nicht weiter davon entfernt ist, als der Zurückweisungsradius erlaubt. Im anderen Fall wird er einer Zurückweisungsklasse zugeteilt. Das folgende Bild stellt diesen Sachverhalt mit individuellen Zurückweisungsradien dar:

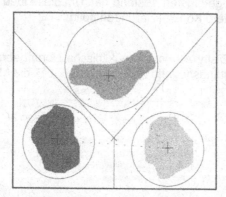

Abb. 6.12   Minimum-Distance-Klassifikation mit Zurückweisungsradien

Verfahrensablauf bei Minimum-Distance-Verfahren

1. Schritt: Bestimmung der Clusterzentren
Aufgrund einer Stichprobe bestimmen wir das Zentrum z eines jeden Clusters. Dazu sei seine Realisation gegeben durch die Beziehung

$$\left\{ \left(m_i, h_i \right) \mid 0 \le i \le N-1 \right\} \qquad \text{mit} \quad m_i = \left(u_i, v_i \right).$$

Dann bestimmen wir als Cluster-Zentrum z den Mittelwert:

$$(z_1, z_2) = \frac{1}{N} \sum_{i=0}^{N-1} (u_i, v_i) * h_i \, .$$

2. Schritt: Klassifikation unbekannter Bildpunkte

Zu einem gegebenen Bildpunkt benötigen wir den Abstand seines Merkmalsvektors $m = (u, v)$ von allen Clusterzentren. Ist $z = (z_1, z_2)$ ein solches Zentrum, dann leiten wir das Abstandskriterium aus dem Quadrat der euklidischen Distanz ab:

$$\begin{aligned}
|m - z|^2 &= (z_1 - u)(z_1 - u) + (z_2 - v)(z_2 - v) \\
&= |z|^2 - 2(z_1 u + z_2 v) + |m|^2 \\
&= |m|^2 + 2\left(\frac{1}{2} |z|^2 - (z_1 u + z_2 v) \right).
\end{aligned}$$

Da der Term $|m|^2$ unabhängig von den unterschiedlichen Clusterzentren ist, brauchen wir ihn gar nicht zu berechnen. Der Term $\zeta = \frac{1}{2} |z|^2$ wird vorab für jedes Clusterzentrum bestimmt und bleibt dann für die Klassifizierung aller Bildpunkte gleich. Daher müssen wir zu jedem Bildpunkt nur noch für alle Clusterzentren z die Terme

$$d_z = \zeta - (z_1 u + z_2 v)$$

berechnen und die Abständsmaße d_z zu den Clusterzentren z vergleichen. Der Bildpunkt wird demjenigen Clusterzentrum z zugeordnet, zu dem der obige Term den kleinsten Wert ergibt.

Erweiterung zu einem lernenden Minimum-Distance-Klassifikator

Lernende Klassifikatoren optimieren bei der Aufnahme eines Merkmalsvektors in eine Musterklasse die Repräsentation dieser Klasse. Im Fall des Minimum-Distance-Klassifikators läßt sich das Zentrum der Musterklasse einfach aus dem bisherigen Zentrum neu berechnen. Mit

$$z_{alt} = \frac{1}{N} \sum_{i=0}^{N-1} m_i h_i$$

erhalten wir

$$z_{neu} = \frac{N z_{alt} + m_N}{N + 1} \, .$$

Dabei ist N die Anzahl der alten Bildpunkte, zu denen ein weiterer hinzukommt; m_N ist der Merkmalsvektor des neuen Bildpunktes.

6.3.3   Die Maximum-Likelihood-Methode

Minimum-Distance-Klassifikatoren benutzen als Zuordnungskriterium nur die Lage der Clusterzentren, während die tatsächliche Ausdehnung der Cluster nur durch zusätzliche Maßnahmen, etwa clusterspezifische Zurückweisungsradien, in die Klassifikationsentscheidung eingeht.

Mit dem Maximum-Likelihood-Verfahren lernen wir nun einen statistischen Ansatz kennen, der die Verteilung der Cluster von vornherein mit berücksichtigt. Um den Formalismus einfach zu halten, beschränken wir uns für die grundsätzliche Darstellung auf einen eindimensionalen Merkmalsraum.

Der Merkmalsraum eines Bildes

Als Merkmal eines Bildpunktes stellen wir uns der Einfachheit halber seinen Grauwert vor. Der Merkmalsraum ist also z.B. die Grauwertemenge $G = [0..255]$.

Wir bestimmen zunächst die in einer Stichprobe vorkommenden Merkmale, also die mit bestimmten Häufigkeiten auftretenden Grauwerte unabhängig von der Bildpunktposition. Dann stellt der Meßwert eine Zufallsvariable f dar, die angibt, mit welcher relativen Häufigkeit das Merkmal in der Stichprobe vorkommt, und es gilt

$$\int_0^{255} f(g)\,\mathrm{d}g = 1 \; .$$

Er ist im eindimensionalen Fall also identisch mit dem Histogramm der relativen Häufigkeiten:

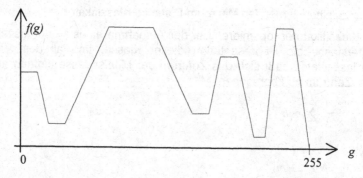

Wenn wir die Verteilung der Merkmalsvektoren einer einzelnen Musterklasse M_i $(0 \leq i \leq r-1)$ betrachten, so gibt die Funktion $f(g|M_i)$ deren Verteilung im Merkmalsraum an:

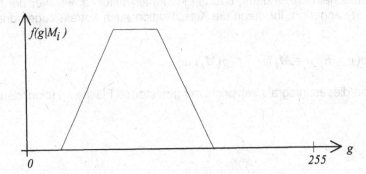

Auch für jede einzelne Verteilung $f(g|M_i)$ gilt

$$\int_0^{255} f(g|M_i)dg = 1 \; .$$

Ist p_i die Wahrscheinlichkeit, daß ein Merkmalsvektor der Musterklasse M_i angehört, dann gilt

$$f(g) = \sum_{i=0}^{r-1} p_i \; f(g|M_i) \; .$$

Für die Klassifikation nehmen wir nun eine Einteilung des Merkmalsraumes in Regionen R_i $(0 \leq i \leq r-1)$ an, wie die folgende Skizze zeigt. Ein Merkmal wird der Musterklasse M_i zugeteilt, wenn es im Bereich R_i liegt.

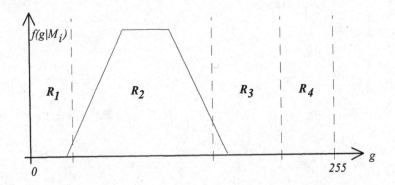

Die Regionen R_i decken sich nicht immer exakt mit den Musterklassen. Insbesondere wenn diese sich im Merkmalsraum überlagern, ist dies auch gar nicht möglich. Damit können wir die folgenden Feststellungen treffen:

1. Die Wahrscheinlichkeit dafür, daß ein Merkmalsvektor g, welcher der Musterklasse M_i angehört, ihr durch die Klassifikation auch korrekt zugeordnet wird,
   ist

$$p(g \in R_i | g \in M_i) = \int_{R_i} f(g|M_i) \, dg \ .$$

Der Wert dieses Integrals entspricht der gerasterten Fläche im folgenden Diagramm:

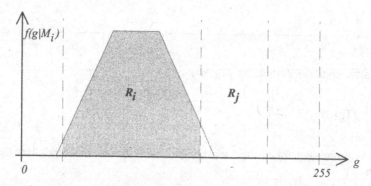

2. Die Wahrscheinlichkeit dafür, daß ein Merkmal g, das der Musterklasse M_i angehört, durch die Klassifikation einer anderen Musterklasse R_j mit $i \neq j$ zugeordnet wird, ist – wie die schraffierte Fläche in der folgenden Abbildung veranschaulicht:

$$p(g \in R_j | g \in M_i) = \int_{R_j} f(g|M_i) \, dg \ .$$

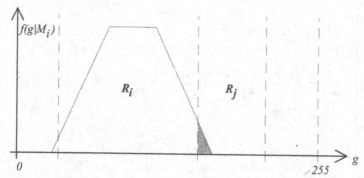

Für ein beliebiges Merkmal g ist damit die Wahrscheinlichkeit, daß es zu M_i gehört, aber zu Unrecht der Klasse M_j zugeordnet wird,

$$p_i * \int\limits_{R_j \,\&\, i \neq j} f(g|M_i)\, dg \;.$$

und für ein beliebiges Merkmal g ist die Gesamtwahrscheinlichkeit einer Fehlzuordnung

$$\sum_{i=0}^{r-1} p_i * \int\limits_{R_j \,\&\, i \neq j} f(g|M_i)\, dg \;.$$

Die Klassifizierung muß nun die Regionen R_j so wählen, daß der insgesamt entstehende Fehler minimal wird. Die Statistik liefert mit dem Bayes' schen Klassifikator ein Kriterium für die Zuordnung eines Merkmals g zu einer der Regionen R_i. Das Merkmal g wird der Klasse R_j zugeordnet, wenn für alle $k \neq j$ gilt

$$\sum_{\substack{i=0 \\ i \neq j}}^{r-1} p_i * f\big(g|M_i\big) \;<\; \sum_{\substack{i=0 \\ i \neq k}}^{r-1} p_i * f\big(g|M_i\big) \;.$$

Dies ist gleichbedeutend mit

$$f(g) - p_j * f\big(g|M_j\big) \;<\; f(g) - p_k * f\big(g|M_k\big)$$

oder

$$p_j * f\big(g|M_j\big) \;>\; p_k * f\big(g|M_k\big) \;.$$

Ein Klassifizierungsverfahren muß demnach das Merkmal g derjenigen Musterklasse M_i zuteilen, für die der Term $p_j * f(g|M_j)$ maximal wird.

Falls keine Informationen über die Ausdehnung der Musterklassen zur Verfügung stehen, können wir alle Wahrscheinlichkeiten p_i gleich groß annehmen:

$$p_i = \frac{1}{r} \;.$$

Es ist aber auch möglich, sie genauer zu schätzen oder durch ein unüberwachtes Klassifikationsverfahren aus einer Stichprobe ermitteln zu lassen.

Für die Verteilungen $f(g|M_i)$ nehmen wir eine Gauß' sche Normalverteilung an:

$$f(g|M_j) = \frac{1}{\sqrt{2\pi}\,\sigma_j} * \exp\!\left(\frac{\left|g - z_j\right|^2}{2\sigma_j^2} \cdot\right) \;.$$

Dabei ist z_j das Zentrum der Musterklasse M_i, und σ_j ist die Streuung der Zufallsvariablen $f(g|M_j)$, die definiert ist als

$$\sigma_j^2 = \sum_{g \in G} h_g \left(g - z_j \right)^2 .$$

Dabei ist h_g die relative Häufigkeit des Merkmals g. Für den Vergleich der Terme $p_j\, f(g|M_j)$ können wir sie logarithmieren, da die Logarithmusfunktion monoton ist, und erhalten dann bis auf einen konstanten Term, der weggelassen werden kann:

$$\ln\left(p_j\, f(g|M_j) \right) = \ln\left(p_j \right) - \frac{1}{2}\left(\ln\left(\sigma_j^2 \right) - \frac{\left| g - z_j \right|^2}{2\sigma_j^2} \right) .$$

Die Klassifikation ordnet einen Bildpunkt dann derjenigen Musterklasse M_j zu, für die der obige Term minimal wird. Die Zuordnung hängt damit nicht nur von den Zentren der Cluster ab, sondern berücksichtigt auch ihre Verteilung.

6.4   Aufgaben

1. Die Bilddatei ICE.BMP enthält eine Aufnahme von Eiskristallen. Zeigen Sie das bimodale Histogramm des Bildes an.

   Isolieren Sie die Kristalle durch Binarisierung mit einer geeigneten Schwelle. Wählen Sie dazu in der Funktion "Farbe/Palette bearbeiten" den Helligkeitskanal und modifizieren Sie dann die angezeigte lineare Abbildungsfunktion zu einer Treppe mit 2 Stufen durch Verziehen mit der Maus.

2. Das Bild PILLS.BMP enthält ein Graustufenbild mit verschieden hellen Pillen. Führen Sie eine Segmentierung mit Hilfe der Funktion "Farbe/Palette bearbeiten" analog zu Aufgabe 1, aber mit 4 Helligkeitsstufen durch.

3. Die Datei BALLS.BMP enthält ein Farbbild. Extrahieren Sie den Rot-, Grün- und Blaukanal des Bildes mit der IMAGINE-Funktion "Bearbeiten/ Kanalumwandlung" und vergleichen Sie die verschiedenen Kanäle.

   Konvertieren Sie BALLS.BMP in ein Graustufenbild und verifizieren Sie, daß darin nicht mehr alle Objekte identifiziert werden können.

7 Tomographische Rekonstruktion

Dreidimensionale Ortsinformation aus Bildern zurückzugewinnen ist für viele Anwendungfelder zunehmend von Interesse, wie einge Beispiele zeigen:

- Aus Satellitenaufnahmen ist die Höhenstruktur eines Geländes abzuleiten.
- Aus astronomischen Aufnahmen ist die Position von Sternen zu bestimmen.
- Bei der Fertigung von Turbinenschaufeln, Karosserien, ... muß kontrolliert werden, ob die Oberfläche Formabweichungen aufweist.
- Vor einer Operation sind Lage und Ausdehnung eines Tumors festzustellen.
- Roboter müssen Objekte in ihrem Umfeld erkennen und lokalisieren.

Die methodischen Ansätze zur Extraktion von 3D-Informationen sind sehr unterschiedlich. Wir betrachten in diesem Kapitel tomographische Verfahren, die nicht nur in der Medizin, sondern auch zunehmend in der Qualitätskontrolle dort angewandt werden, wo die innere Struktur von Objekten zerstörungsfrei zu prüfen ist.

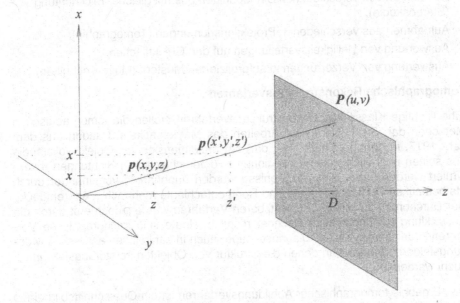

Abb. 7.1   Informationsverlust durch die perspektivische Projektion

7.1   Rekonstruktion aus Projektionen

Durch die Projektion von 3D-Objekten auf eine zweidimensionale Bildebene geht im allgemeinen Information verloren. Die vollständige Objektstruktur kann dann nur unter Ausnutzung zusätzlicher Informationen zurückgewonnen werden.

Die Abbildungsgleichungen der perspektivischen Projektion ergeben für die in der Abbildung 7.1 dargestellte Situation:

$$u = \frac{xD}{z} = \frac{x'D}{z'} \quad \text{und} \quad v = \frac{yD}{z} = \frac{y'D}{z'} \ .$$

Der Bildpunkt $P(u,v)$ kann also durch alle Objektpunkte $p(x,y,z)$, $p'(x',y',z')$ usw. entstanden sein, die auf demselben Projektionsstrahl liegen.

Für die eindeutige Rückgewinnung der dreidimensionalen Objektinformation müssen daher zusätzliche Informationen genutzt werden. Dabei ist zu unterscheiden zwischen Verfahren, die nur die Objektoberfläche, und solchen, die auch die innere Struktur von dreidimensionalen Objekten rekonstruieren. Einige grundsätzliche Möglichkeiten dazu sind die folgenden:

– Aufnahmen von verschiedenen Standpunkten aus mit gleicher Blickrichtung (Stereoskopie),
– Aufnahmen aus verschiedenen Projektionsrichtungen (Tomographie),
– Auswertung von Helligkeitsverteilungen auf den Objektflächen,
– Auswertung von Verzerrungen in aufprojizierten Mustern (Moire-Techniken).

Tomographische Rekonstruktionsverfahren

Eine wichtige Klasse von Rekonstruktionsverfahren stellen die tomographischen Methoden dar. Sie basieren auf Arbeiten des Mathematikers J.Radon aus dem Jahr 1917, in denen er nachwies, daß ein dreidimensionales Objekt vollständig aus seinen unendlich vielen Projektionen in unterschiedlichen Richtungen rekonstruiert werden kann. Diese Ergebnisse wurden unabhängig voneinander durch Mathematiker, Radioastronomen und Röntgenfachleute mehrfach wiederentdeckt. Der Durchbruch zu praktisch einsetzbaren Verfahren wurde jedoch erst durch die Entwicklung leistungsfähiger Rechner möglich. Heute sind tomographische Verfahren in der medizinischen Diagnostik, aber auch in zahlreichen anderen Anwendungsfeldern verbreitet, in denen die Struktur von Objekten zerstörungsfrei untersucht werden muß.

Das Ergebnis tomographischer Abbildungsverfahren ist ein Querschnittsbild eines dreidimensionalen Objekts. Es wird aus zahlreichen Projektionen ermittelt, die in der Querschnittsebene aus verschiedenen Richtungen aufgenommen wer-

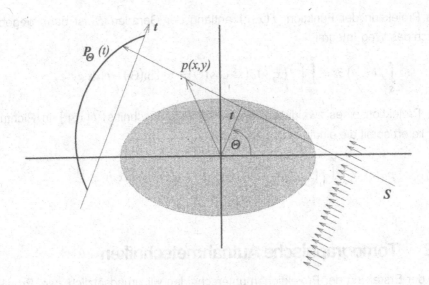

Abb. 7.2   Projektion eines zweidimensionalen Objektquerschnitts

den. Die vollständige dreidimensionale Objektstruktur kann man dann aus einer Serie aufeinanderfolgender Querschnittsbilder rekonstruieren.

Projektionen

Die Projektion einer zweidimensionalen Funktion $f(x,y)$ in Richtung der x-Achse ist definiert durch das Integral:

$$p_x(y) = \int_{-\infty}^{\infty} f(x,y)\,dx\,.$$

Wir dehnen diesen Ansatz nun auf beliebige Projektionsrichtungen aus. Dazu stellen wir die Gleichung einer Projektionsgeraden S auf, die den Abstand t vom Nullpunkt hat und deren Neigung gegen die horizontale Achse durch den Winkel Θ beschrieben wird (Abbildung 7.2):

Für die Punkte $p(x,y)$ auf S hat die Projektion ihres Ortsvektors auf den Richtungsvektor $(\cos(\Theta), \sin(\Theta))$ den konstanten Wert t. Dieser läßt sich berechnen durch das Skalarprodukt $\langle (x,y),(\cos(\Theta),\sin(\Theta))\rangle$. Die Gleichung der Geraden S hat also die Form

$$\mathrm{x}*\cos(\Theta) + \mathrm{y}*\sin(\Theta) - t = 0\,.$$

Die Projektion der Funktion $f(x,y)$ entlang der Geraden S ist dann gegeben durch das Weg-Integral

$$\int_S f(x,y)\,ds = \int_{-\infty}^{\infty}\int_{-\infty}^{\infty} f(x,y)\partial\big(\mathrm{x}*\cos(\Theta)+\mathrm{y}*\sin(\Theta)-t\big)\,dx\,dy$$

Die Projektion eines zweidimensionalen Objektquerschnitts $f(x,y)$ in Richtung Θ liefert somit die eindimensionale Funktion

$$p_{\Theta}(t) = \int_{-\infty}^{\infty}\int_{-\infty}^{\infty} f(x,y)\partial\big(\mathrm{x}*\cos(\Theta)+\mathrm{y}*\sin(\Theta)-t\big)\,dx\,dy \ .$$

7.2   Tomographische Aufnahmetechniken

Bei der Erstellung der Projektionen unterscheiden wir grundsätzlich zwei Projektionsprinzipien, die in Abbildung 7.3 skizziert sind: das Parallelstrahlverfahren und das Fächerstrahlverfahren.

- *Parallelstrahlverfahren*
  Dabei wird eine parallele Schar von Röntgenstrahlen auf ihrem Weg durch durch das Objekt abgeschwächt. Hinter dem Objekt wird die noch verbleibende Intensität der einzelnen Strahlen mit einer Detektor-Reihe gemessen.

- *Fächerstrahlverfahren*
  Bei dieser Methode wird eine punktförmige Röntgenquelle verwendet. Die Strahlen breiten sich in der Aufnahmeschicht fächerförmig aus und werden auf ihrem Weg durch das Objekt abgeschwächt. Die Restintensität wird wieder von einer Sensorreihe hinter dem Objekt gemessen.

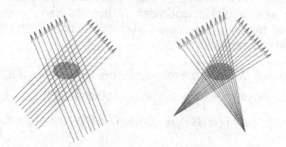

Abb. 7.3   Parallel- und Fächerstrahlverfahren

In der praktischen Anwendung hat das Fächerstrahlverfahren eindeutige Vorteile: Es ist technisch leichter zu realisieren und kommt mit kürzeren Aufnahmezeiten aus. Da aber das Parallelstrahlverfahren mathematisch einfacher zu beschreiben ist, orientieren wir uns bei der Darstellung der Verfahrensgrundlagen an ihm.

Bei der Aufnahmetechnik bestehen mehrere Möglichkeit zur Gewinnung von Projektionen, die nun kurz vorgestellt werden.

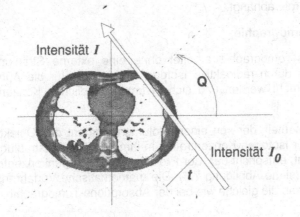

Intensität I

Intensität I_0

Q

t

Abb. 7.4   Röntgen-Absorptions-Tomographie

Absorptions-Tomographie

Das bildgebende Strahlenbündel wird dabei durch eine Röntgenquelle erzeugt. Auf seinem Weg durch das Objekt wird ein Röntgenstrahl in jedem Volumenelement durch Absorption und Streuung geschwächt. Dieser Effekt wird durch den linearen Dämpfungskoeffizienten $\mu(x,y)$ des durchstrahlten Objekts beschrieben. Die differentielle Änderung der Strahlintensität I auf dem Wegelement ds ist daher:

$$dI = -\mu(x,y) * I(x,y) ds$$

und $$\frac{1}{I(x,y)} dI = -\mu(x,y) * ds .$$

Daraus erhalten wir durch Integration über den Strahlweg S:

$$\int_S \frac{1}{I(x,y)} dI = \ln\left(\frac{I}{I_0}\right) = -\int_S \mu(x,y)\, ds .$$

Dabei sind I und I_0 die Strahlungsintensitäten am Anfang und am Ende des Weges S. Das rechte Integral ist die Projektion des Dämpfungskoeffizienten $\mu(x,y)$ entlang dem Strahlweg S. Der Wert des linken Integrals läßt sich durch die Messung der Strahlungsintensitäten vor und nach dem Durchdringen des Objekts ermitteln. Dieser Ansatz setzt voraus, daß alle Röntgen-Quanten die gleiche Energie besitzen, da genaugenommen der Dämpfungskoeffizient μ zusätzlich von der Strahlungsenergie abhängt.

Emissions-Tomographie

Die Emissions-Tomographie arbeitet ohne eine externe Strahlungsquelle. Die Strahlung wird durch radioaktive Isotope erzeugt, die für die Aufnahme in das Objekt eingebracht werden und sich in unterschiedlichen Konzentrationen dort einlagern.

Der Strahlungsanteil, der von einem Volumen-Element des Objekts ausgeht, ist proportional zur Isotopen-Konzentration in ihm. Die Gesamtstrahlung, die am Detektor ankommt, entspricht der der Projektion der Isotopenkonzentrationen in der Strahlrichtung (siehe Abbildung 7.5). Die mathematische Verfahrensgrundlage ist daher weitgehend die gleiche wie bei der Absorptions-Tomographie.

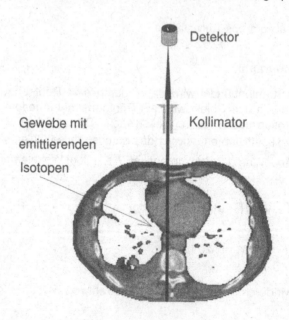

Abb. 7.5   Emissions-Tomographie

Laufzeit-Tomographie

Bei der Ultraschall-Tomographie gibt es außer den nach dem Absorptionsprinzip arbeitenden Verfahren auch Rekonstruktionsmethoden, die auf den unterschiedlichen Laufzeiten des Schalls in Medien mit verschiedenem Brechungsindex basieren. Dieser ist definiert als das Verhältnis der Ausbreitungsgeschwindigkeiten des Ultraschalls im Objekt an der Stelle *(x,y)* einerseits und in Wasser andererseits:

$$n(x,y) = \frac{v_{Wasser}}{v(x,y)} .$$

Bezeichnet man mit t_d den Unterschied der Laufzeit eines Ultraschall-Impulses im Objekt und in der gleichen Strecke Wasser, so kann man zeigen, daß gilt:

$$\int_S \left(1 - n(x,y)\right) ds = -v_{Wasser} t_d .$$

Die linke Seite der Gleichung stellt wieder eine Projektion der Brechungsindizes im Objekt dar, während die rechte Seite über Laufzeitmessungen der Ultraschall-Impulse ermittelt werden kann. Ein Problem bei allen Ultraschall-Verfahren stellen Brechungen und Reflexionen der Schall-Impulse an Grenzflächen mit unterschiedlichem Brechungsindex dar. Ein hoher Anteil der Strahlung durchläuft das Objekt nicht geradlinig. In Abbildung 7.6 sind der ideale und der tatsächliche Weg eines Impulses schematisch dargestellt.

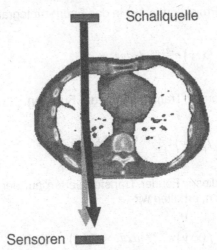

Schallquelle

Sensoren

Abb. 7.6   Impuls-Ablenkung bei der Ultraschall-Laufzeittomographie

7.3   Grundlagen tomographischer Verfahren

Die zentrale mathematische Begründung für die tomographischen Rekonstruktionsverfahren liefert das Projektions-Schnitt-Theorem der Fourier-Theorie. Es stellt für eine zweidimensionale Funktion $f(x,y)$ einen Zusammenhang her zwischen

- den (eindimensionalen) Fourier-Transformierten der Projektionen von $f(x,y)$ und
- den Werten der zweidimensionalen Fourier-Transformierten auf $F(u,v)$ auf Schnittlinien im Ortsfrequenzraum, d.h. auf Geraden unterschiedlicher Richtung durch den Nullpunkt.

Wir betrachten zunächst eine Projektion der Funktion $f(x,y)$ für den Projektionswinkel $\Theta = 0$:

$$p_0(x) = \int_{-\infty}^{\infty} f(x,y)\, dy \ .$$

Die Fourier-Transformierte dieser Projektion ist

$$P_0(u) = \int_{-\infty}^{\infty} p_0(x) e^{-2\pi i u x}\, dx \ .$$

Durch Einsetzen der Projektion $p_0(x)$ in das Fourier-Integral erhalten wir:

$$P_0(u) = \int_{-\infty}^{\infty}\int_{-\infty}^{\infty} f(x,y)\, e^{-2\pi i u x}\, dx\, dy \ .$$

Andererseits ist die Fourier-Transformierte der Funktion $f(x,y)$ definiert durch

$$F(u,v) = \int_{-\infty}^{\infty}\int_{-\infty}^{\infty} f(x,y)\, e^{-2\pi i (ux + vy)}\, dx\, dy \ .$$

Wenn wir die Werte dieser Fourier-Transformierten auf der u-Achse des Ortsfrequenzraums betrachten, erhalten wir

$$F(u,0) = \int_{-\infty}^{\infty}\int_{-\infty}^{\infty} f(x,y)\, e^{-2\pi i u x}\, dx\, dy = P_0(u) \ .$$

Dies zeigt, daß die Fourier-Transformierte $P_0(u)$ der senkrechten Projektion $p_0(t)$ im Ortsraum mit den Werten der Fourier-Transformierten $F(u,v)$ auf der horizontalen Achse $u = 0$ im Ortsfrequenzraum übereinstimmt.

Der Drehungssatz der Fourier-Theorie sagt aus, daß für eine orthogonale Transformation A und ein Paar $f(t) \circ\!\!-\!\!\bullet F(u)$ auch $f(At) \circ\!\!-\!\!\bullet F(Au)$ gilt. Wenn wir statt kartesischer Koordinaten Polarkoordinaten verwenden, dann erhalten wir den folgenden wichtigen Satz:

Projektions-Schnitt-Theorem

Es seien $p_\Theta(t)$ die Projektion einer Funktion $f(x,y)$ im Ortsraum mit dem Projektionswinkel Θ, und es sei $P_\Theta(w)$ ihre Fourier-Transformierte. Weiter sei $F(w,\Theta)$ die Fourier-Transformierte von $f(x,y)$, eingeschränkt auf die unter dem Neigungswinkel Θ durch den Nullpunkt verlaufende Schnittlinie. Dann ist

$$P_\Theta(w) = F(w,\Theta) .$$

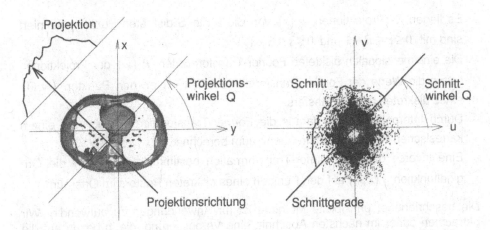

Abb. 7.7   Zum Projektions-Schnitt-Theorem

Die Abbildung 7.7 und das folgende Funktions-Diagramm verdeutlichen diesen Zusammenhang:

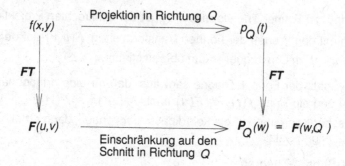

Das Projektions-Schnitt-Theorem erlaubt es zunächst, aus unendlich vielen Projektionen der kontinuierlichen Originalfunktion $f(x,y)$ die Fourier-Transformierte $F(u,v)$ in jedem Punkt des Ortsfrequenzraumes zu bestimmen. Da in der Praxis stets nur eine begrenzte Anzahl von Projektionen aufgenommen wird und diese nur an diskreten Punkten gemessen werden, muß der obige Ansatz diskretisiert werden:

- Es liegen R Projektionen $p_r(s)$ vor, die an je S diskreten Punkten definiert sind mit $0 \le r \le R-1$ und $0 \le s \le S-1$.
- Die eindimensionalen diskreten Fourier-Transformierten $P_\Theta(w)$ der Projektionen liefern die Werte der Fourier-Transformierten $F(w,\Theta)$ an den Punkten (w,Θ) eines diskreten polaren Rasters.
- Durch Interpolation wird daraus die Fourier-Transformierte $F(u,v)$ auf einem kartesischen Raster im Ortsfrequenzraum berechnet.
- Eine inverse diskrete Fourier-Transformation bestimmt aus $F(u,v)$ die Originalfunktion $f(x,y)$ auf den Punkten eines diskreten Rasters im Ortsraum.

Die beschriebene, prinzipielle Methode ist für Anwendungen zu aufwendig. Wir betrachten daher im nächsten Abschnitt eine Verbesserung, die in bezug auf die Genauigkeit der Ergebnisse und auf die Effizienz der numerischen Durchführung Vorteile bietet: die gefilterte Rückprojektion.

Beispiel zum Projektions-Schnitt-Theorem

Wir betrachten die Funktion

$$f(x,y) = \begin{cases} 1, & \text{falls } 1 \le x \le 3 \ und\ 1 \le y \le 3, \\ 0 & \text{sonst}. \end{cases}$$

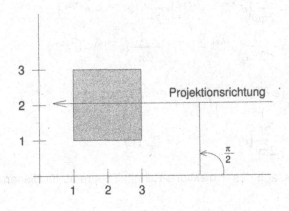

Abb. 7.8   Beispielfunktion zum Projektions-Schnitt-Theorem

Eine Projektion der Funktion $f(x,y)$ in Richtung der x-Achse ist gegeben durch

$$p_{\pi/2}(y) = \int_{-\infty}^{\infty} f(x,y)\, dx = \int_{1}^{3} 1\, dx = 2, \qquad \text{für } 1 \le y \le 3,$$

und $p_{\pi/2}(y) = 0,$ für $y < 1$ oder $y > 3$.

Die Fourier-Transformierte dieser eindimensionalen Projektion ist

$$P_{\pi/2}(v) = \int_{-\infty}^{\infty} p_{\pi/2}(y) e^{-2\pi i v y}\, dy = \int_{1}^{3} 2 e^{-2\pi i v y}\, dy$$

$$= \left[\frac{i}{\pi v} e^{-2\pi i v y} \right]_{1}^{3} = \frac{i}{\pi v}\left(e^{-6\pi i v} - e^{-2\pi i v} \right).$$

Die Fourier-Transformierte der zweidimensionalen Funktion $f(x,y)$ ist andererseits:

$$F(u,v) = \int_{-\infty}^{\infty} \int_{-\infty}^{\infty} f(x,y) e^{-2\pi i (ux + vy)}\, dx\, dy,$$

$$F(u,v) = \int_{1}^{3} f(x,y) e^{-2\pi i u x}\, dx \int_{1}^{3} e^{-2\pi i v y}\, dy,$$

$$F(u,v) = \frac{i}{2\pi u}\left(e^{-6\pi iu} - e^{-2\pi iu}\right) * \frac{i}{2\pi v}\left(e^{-6\pi iv} - e^{-2\pi iv}\right),$$

$$F(u,v) = -\frac{1}{2\pi u}\left(e^{-6\pi iu} - e^{-2\pi iu}\right) * \frac{1}{2\pi v}\left(e^{-6\pi iv} - e^{-2\pi iv}\right).$$

Wegen $\lim\limits_{u \to 0} \dfrac{1}{2\pi u}\left(e^{-6\pi iu} - e^{-2\pi iu}\right) = -2i$ erhalten wir daraus

$$F(0,v) = \frac{2i}{2\pi v}\left(e^{-6\pi iv} - e^{-2\pi iv}\right) = P_{\pi/2}(v).$$

Damit ist die Aussage des Projektions-Schnitt-Theorems für diesen Spezialfall verifiziert.

7.4 Gefilterte Rückprojektion

Die gefilterte Rückprojektion stellt eine numerisch effiziente Methode dar zur Rekonstruktion von Schnittbildern aus Projektionen. Sie baut auf den oben dargestellten Grundlagen auf und geht dazu von einer Darstellung der inversen Fourier-Transformation in Polarkoordinaten aus:

$$f(x,y) = \int\limits_{0}^{2\pi}\int\limits_{0}^{\infty} F(w,\Theta) e^{2\pi iw(x\cos(\Theta)+y\sin(\Theta))} w\, dw\, d\Theta,$$

$$f(x,y) = \int\limits_{0}^{\pi}\int\limits_{0}^{\infty} F(w,\Theta) e^{2\pi iw(x\cos(\Theta)+y\sin(\Theta))} w\, dw\, d\Theta$$

$$+ \int\limits_{0}^{\pi}\int\limits_{0}^{\infty} F(w,\Theta+\pi) e^{2\pi iw(x\cos(\Theta+\pi)+y\sin(\Theta+\pi))} w\, dw\, d\Theta.$$

Wegen der Punktsymmetrie von $F(w,\Theta)$ gilt: $F(w,\Theta+\pi) = -F(w,\Theta)$. Wir können das Integral also umformen zu

$$f(x,y) = \int\limits_{0}^{\pi}\left(\int\limits_{-\infty}^{\infty} F(w,\Theta) e^{2\pi iw(x\cos(\Theta)+y\sin(\Theta))}|w|\, dw\right) d\Theta.$$

Das Projektions-Schnitt-Theorem erlaubt uns, darin $F(w,\Theta)$ durch $P_{\Theta}(w)$ zu ersetzen:

$$f(x,y) = \int\limits_0^\pi \left(\int\limits_{-\infty}^\infty P_\Theta(w) e^{2\pi i w(x\cos(\Theta) + y\sin(\Theta))} |w|\, dw \right) d\Theta .$$

Betrachten wir nur Punkte $t = (x\cos(\Theta) + y\sin(\Theta))$ auf der durch Θ charakterisierten Geraden, dann erhalten wir die eindimensionale Funktion

$$Q_\Theta(t) = \int\limits_{-\infty}^\infty P_\Theta(w) |w| e^{2\pi i w t}\, dw .$$

Sie beschreibt eine Filterung der ursprünglichen Projektion $p_\Theta(w)$: Die Fourier-Transformierte $P_\Theta(w)$ wird zunächst mit der Transferfunktion $|w|$ im Ortsfrequenzraum multipliziert und anschließend zurücktransformiert in den Ortsraum. Das folgende Diagramm veranschaulicht diesen Prozeß:

$$p_\Theta(w) \xrightarrow{\text{Fourier-Transformation}} P_\Theta(w) \xrightarrow[\text{mit } |w|]{\text{Gewichtung}} |w| P_\Theta(w) \xrightarrow{\text{inverseFourier-Transformation}} Q_\Theta(t)$$

Den Wert der Originalfunktion $f(x,y)$ an einer Stelle (x,y) des Ortsraumes erhalten wir dann durch Integration der Beiträge $Q_\Theta(t)$ über den Winkelbereich $0 \le \Theta \le \pi$:

$$f(x,y) = \int\limits_0^\pi Q_\Theta(x\cos(\Theta) + y\sin(\Theta))\, d\Theta .$$

Um den Wert von f an der Stelle (x,y) zu erhalten, muß über alle Q_Θ für $0 \le \Theta \le \pi$ integriert werden. Für einen bestimmten Wert von Θ liefert die Funktion Q_Θ einen Beitrag mit dem Argument $t = (x\cos(\Theta) + y\sin(\Theta))$. Alle Q_Θ liefern Beiträge zu $f(x,y)$, wobei jedoch das Argument t auch von Θ abhängt.

Anhand von Abbildung 7.9 stellen wir fest, daß der Funktionswert $Q_\Theta(t)$ zum Wert von $f(x,y)$ an allen Stellen (x,y) beiträgt, die auf der Strecke $\overline{AB}$ liegen. Der Funktionswert der gefilterten Projektion Q_Θ an der Stelle

$$t = (x\cos(\Theta) + y\sin(\Theta))$$

wird in diesem Sinne also über den Bereich $\overline{AB}$ des Ortsraumbildes verteilt. Auf diesen Prozeß bezieht sich die Bezeichnung Rückprojektion.

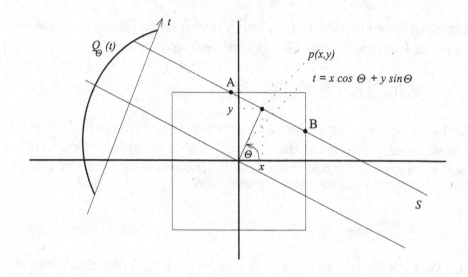

Abb. 7.9   Zur Rückprojektion der gefilterten Projektion $Q_\Theta(t)$

Für die praktische Implementierung der Methode sind weitere Punkte zu beachten:

- Die hier verwendeten kontinuierlichen Funktionen, Argumente und Operatoren sind durch diskrete zu ersetzen. Die Diskretisierung hat Störeffekte zur Folge, die durch geeignete Maßnahmen zu minimieren sind.

- Die Berechnung der gefilterten Projektionen Q_Θ kann nach dem Faltungssatz entweder durch eine Faltung im Ortsraum oder durch Multiplikation der Fourier-Transformierten $P_\Theta(w)$ mit einer Transferfunktion im Ortsfrequenzraum durch-geführt werden. Wenn keine Spezialprozessoren für Faltungsoperationen zur Verfügung stehen, ist der zweite Weg der effizientere.

- Das rekonstruierte Bild im Ortsraum ergibt sich dadurch, daß in jedem Punkt des Gitters im Ortsraum die Beiträge der $Q_\Theta(t)$ an dieser Stelle integriert werden.

8   Kanten und Linien in Bildern

Objektkanten und Linien sind nicht nur wichtige Strukturmerkmale für die visuelle Beurteilung von Bildern. Sie sind auch bei der automatischen Segmentierung und Analyse der Bildinhalte oft eine gute Hilfe. Einige Beispiele demonstrieren das:

– *Messung des Pflanzenwachstums*
  Um die Wachstumsgeschwindigkeit von Pflanzen quantitativ zu bestimmen, werden wie in Abbildung 8.1 die Wurzelballen einem Thinningverfahren unterworfen, das die Wurzeln auf Linien von der Breite eines Pixel reduziert. Die Gesamtsumme der Pixel ist dann ein direktes Maß für die Gesamtlänge der Wurzeln.

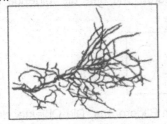 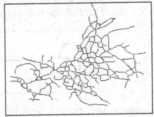

Abb. 8.1   Vermessen der Länge eines Wurzelballens

– *Lageunabhängige Objektidentifikation*
  Um verschieden geformte Objekte unabhängig von ihrer Lage zu erkennen, wird ein Strahlenbündel durch den Flächenschwerpunkt gelegt. Die Folge der Strahlabschnitte vom Zentrum bis zum Objektrand ist für die Form charakteristisch. Eine andere Objektlage führt nur zu einer zyklischen Vertauschung der Strahlabschnitte.

Abb. 8.2   Bestimmung der Objektform

Weitere Anwendungen, die auf Verfahren zur Extraktion und Analyse linearer Strukturen in Pixelbildern basieren, sind z.B.
- die Vektorisierung gescannter CAD-Zeichnungen,
- die automatische Texterkennung (OCR),
- die Speicherung von Fingerabdrücken oder
- die Analyse von Materialspannungen.

Dieses Kapitel stellt daher exemplarisch Methoden vor, die solchen Anwendungen zugrunde liegen. Im einzelnen betrachten wir
- die Reduktion „dünner" Objekte auf nur ein Pixel breite Linien,
- die Korrektur gestörter Pixellinien,
- die Transformation von Pixellinien in Vektorsequenzen.

8.1   Skelettierungsverfahren

Skelettierungs- oder Thinning-Verfahren sind Methoden, um flächenhafte, binäre Objekte auf lineare Skelettlinien zu reduzieren, wie dies die folgende Abbildung schematisch für den Buchstaben e zeigt:

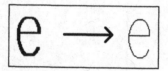

Skelettierungsverfahren gehen von binären Bildern aus. Die Objekte, deren Skelett bestimmt werden soll, werden in der Vordergrundfarbe (z.B. schwarz) dargestellt, die restlichen Bildbereiche bilden den Hintergrund (z.B. weiß).

Die Skelettierung eines Binärbildes wird prinzipiell folgendermaßen erreicht: Randpunkte der Objekte werden gelöscht (d.h. wie der Hintergrund eingefärbt), wenn sie als nicht zum Skelett gehörig identifiziert werden. Dies wird solange iteriert, bis das Objekt nur noch aus Skelettpixeln besteht. Die verschiedenen Verfahren unterscheiden sich darin, wie sie in einem Iterationsschritt die Entscheidung darüber treffen, ob ein Pixel zu löschen ist oder nicht.

Bei sequentiellen Skelettierungsalgorithmen werden die Pixel in der Regel von oben nach unten und von links nach rechts abgearbeitet. Bei paralleler Skelettierung spielt die Bearbeitungsreihenfolge keine Rolle; die Einzelentscheidungen können daher zeitgleich und unabhängig voneinander in parallelen Rechenelementen durchgeführt werden.

Für die sequentiellen Verfahren wird zur Vereinfachung gefordert, daß die Bildvorlage einen mindestens ein Pixel breiten Randbereich aus Hintergrundpixeln besitzt. Für parallele Verfahren muß der Rand mindestens zwei Pixel breit sein.

8.1.1 Das Prinzip der Verfahren

Im folgenden Abschnitt stellen wir die Begriffe zusammen, die für die Verfahren benötigt werden, und formulieren darauf aufbauend die grundsätzliche Verfahrensweise.

Pixelklassen

Bei der Verarbeitung des Bildes unterscheiden wir zwischen drei disjunkten Klassen von Pixeln:

Klasse *0:*   Pixel der Klasse *0* repräsentieren die Menge der Hintergrundpixel, welche von Anfang an in der Bildvorlage vorhanden sind oder während der Skelettierung schon zu Hintergrundpixeln umgewandelt wurden.

Klasse *1:*   In dieser Klasse befinden sich die Vordergrundpixel, welche (noch) nicht zum Löschen ausgewählt wurden.

Klasse *L:*   In diese Klasse gehören alle Vordergrundpixel, die während einer Iteration zum Löschen vorgemerkt sind.

Im folgenden werden die Pixel aus der Klasse *0* auch kürzer als *0*-Pixel bezeichnet. Analog sprechen wir von *1*-Pixeln und *L*-Pixeln.

Nachbarschaft

Zwei Bildpunkte gelten immer dann als *direkte* Nachbarn, wenn ihre Rasterzellen eine gemeinsame Kante besitzen. Um *indirekte* Nachbarn handelt es sich, wenn sich die beiden Zellen nur an einer Ecke berühren. Der Begriff Nachbar (ohne Attribut) gilt für beide Fälle. Die Nachbarn eines Pixel *P* werden von 0 bis 7 wie folgt durchnumeriert:

3	2	1
4	*P*	0
5	6	7

Umgebung

Die Nachbarn des Pixel *P* in der obigen Abbildung stellen die 3x3-Umgebung von *P* dar. Die 5x5-Umgebung von *P* beinhaltet außerdem noch alle Pixel, die in der 3x3-Umgebung der Nachbarn von *P* liegen.

Pfad

Ein Pfad ist eine Folge von Pixeln $P_1, P_2, \cdots, P_n$ wobei P_k und P_{k+1} zueinander benachbart sind für $1 \le k < n$. Bei einem *direkten* Pfad stehen die Pixel der Folge jeweils in direkter Nachbarschaft zueinander. Ein *einfacher* Pfad ist ein Pfad, der höchstens einmal über jedes Pixel führt und bei dem kein Pixel mehr als zwei direkte Nachbarn im Pfad hat. Ein *geschlossener* Pfad ist ein Pfad, bei dem das erste Pixel der Folge ein Nachbar ihres letzten Pixel ist.

Zusammenhang

Eine Menge von Pixeln der Klasse *1* ist *(direkt) zusammenhängend*, falls jedes Pixel-Paar aus ihr durch einen *(direkten)* Pfad verbunden werden kann, der ganz innerhalb der Menge verläuft.

Fläche

Eine Fläche besteht aus einer zusammenhängenden Menge von *1*-Pixeln oder aus einem isolierten *1*-Pixel .

Kontur

Die Kontur einer Fläche ist definiert als die Menge aller Pixel dieser Fläche, die wenigstens *einen* direkten *0*-Nachbarn haben. Konturpunkte heißen oft auch Randpunkte.

Innenpixel

Die Innenpixel einer Fläche sind diejenigen, die nicht ihrer Kontur angehören.

Linie

Eine Linie ist eine Fläche ohne Innenpixel.

Loch

Eine Fläche hat ein Loch, wenn Konturpixel dieser Fläche einen geschlossenen Pfad um eine Menge von Hintergrundpixeln herum bilden.

Skelett

Eine allgemein akzeptierte Definition des Skeletts einer Fläche gibt es nicht. Verschiedene Skelettierungsmethoden bringen somit auch unterschiedliche Ergebnisse hervor. Gemeinsam sind diesen jedoch die folgenden Merkmale:

- Das Skelett einer Fläche besitzt keine Innenpixel.
- Das Skelett ist zusammenhängend.
- Die ursprüngliche Fläche und ihr Skelett sind topologisch äquivalent in bezug auf die Anzahl der Löcher und ihren lokalen Zusammenhang.

Beispiel: Eigenschaften von Pfaden

Wir betrachten Eigenschaften der folgenden vier Pfade:

- Pfad **A**: 1, 2,3,4,5,6,7,8,9,10,11,12,13,14,15,16,17,18
- Pfad **B**: 1, 2,3,4,5,6,7
- Pfad **C**: 1,2,3,4,5,6,7,8,9,10,11,10,9,8,7, 6,5,12,13
- Pfad **D**: 1, 2,3,4,5,6,7,8,9,10,11,12,13,14,15,16,17,18,19,20,9,10,21,22

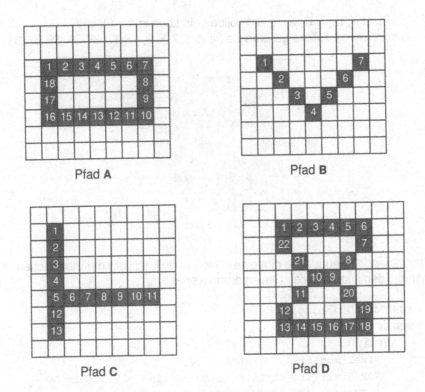

Den Pfaden **A, B, C, D** lassen sich die folgenden Attribute zuordnen:

Pfad	einfach	direkt	geschlossen
A	ja	ja	ja
B	ja	nein	nein
C	nein	ja	nein
D	nein	nein	ja

Beispiel: Eigenschaften von Flächen

Flächenmerkmale der unten folgenden Skizze sind zum Beispiel:

- Die Pixel 1,2,...,44 bilden eine Fläche,
- Hintergrundpixel sind die Pixel A, B, C, D, E, F,G, H sowie alle Pixel ohne Bezeichnung.

– Die Pixel A, B, C, D, E, F, G, H bilden ein Loch in der Fläche.
– Zum Innern der Fläche gehören die Pixel 6, 7, 8, 9, 12, 17, 28, 33, 36, 37, 38, 39.

Der folgende Pseudocode gibt eine erste Vorstellung vom grundsätzlichen Vorgehen bei den sequentiellen Skelettierungsverfahren:

```
FUNCTION Thinning;
BEGIN
   REPEAT
      Pixel_modified := FALSE;
      FOR Startline_of_Picture TO Endline_of_Picture DO
         FOR FirstPixelOfLine TO LastPixelOfLine DO
            IF IsForegroundPixel AND IsDeletablePixel
               THEN BEGIN
                       SetPixelToBackground;
                       PixelModified:= TRUE;
                    END;
   UNTIL Pixel_modified=FALSE;
END;
```

Es wird also Zeile für Zeile und in jeder Zeile von links nach rechts für alle Pixel untersucht, ob sie gelöscht werden dürfen. Dies wird solange wiederholt, bis keine weiteren Löschungen mehr möglich sind. Das Skelett bilden dann die übrigbleibenden Vordergrundpixel.

Das zentrale Problem besteht dabei darin, mit der Funktion IsDeletablePixel für ein Vordergrundpixel zu entscheiden, ob es gelöscht werden darf oder nicht. Grundsätzlich hängt die Entscheidung darüber, ob ein Pixel **P** Skelettpixel ist oder nicht, von seiner lokalen Umgebung ab. Um den Rechenaufwand minimal zu halten, sollte die herangezogene Umgebung klein sein, möglichst eine 3x3-Umgebung.

Für die Pixel am äußeren Rand des Binärbildes existiert keine volle 3x3-Umgebung. Daraus resultiert die obige Forderung an die Bildvorlage, daß dieser Rand nur Hintergrundpixel enthalten darf bzw. daß alle Pixel dieses Bereichs wie Hintergrundpixel behandelt werden.

8.1.2   Kriterien zur Charakterisierung löschbarer Pixel

Die folgenden drei Kriterien dienen zur Ermittlung von Pixeln, die sicher nicht zum Skelett gehören. Sie sind notwendige Voraussetzungen dafür, daß ein Pixel gelöscht werden darf.

Kriterium 1:   Erhaltung des Zusammenhangs

Da eine Fläche stets aus zusammenhängenden Pixeln oder einem einzigen Pixel besteht, müssen auch alle Punkte ihres Skeletts miteinander verbunden sein. Insbesondere darf der lokale Zusammenhang nicht zerstört werden. Deshalb lautet das erste notwendige Kriterium für die Löschbarkeit:

> Ein Pixel P ist nur dann löschbar, wenn dadurch die Verbindung zwischen den 1-Pixeln in der 3x3-Umgebung von P nicht zerstört wird.

Beispiel

In der folgenden Umgebung darf Pixel P gelöscht werden, weil die Nachbarn 0, 5 und 6 weiterhin in Verbindung bleiben:

In der folgenden Umgebung darf P nicht gelöscht werden, da P die einzige Verbindung zwischen den Nachbarn 1 und 5, 6 ist:

Kriterium 2: Erhaltung von Endpunkten

Das Zusammenhangskriterium reicht nicht immer, um alle Pixel zu erhalten, die nach der intuitiven Vorstellung zum Skelett gehören. Eine weitere notwendige Bedingung ist, daß Endpunkte einer Skelettlinie und isolierte Punkte erhalten bleiben müssen.

> Ein Pixel **P** ist nur löschbar, wenn **P** nicht Endpunkt einer Skelettlinie ist.

Beispiel

In der folgenden Situation darf P als Endpunkt einer Linie nicht gelöscht werden:

Kriterium 3: Konturpixel-Bedingung

Um die Pixel einer Fläche auf ihre Skelettpixel zu reduzieren, darf man in jedem Iterationsschritt nur ihre Konturpixel löschen. Würde man Pixel aus dem Inneren der Fläche löschen, so könnten zusätzliche Löcher entstehen und damit die topologische Struktur verändert werden. Wir fordern daher weiter:

> Nur Konturpixel dürfen gelöscht werden.

Das folgende Beispiel zeigt, daß sich die topologische Gestalt der Fläche und damit auch ihres Skeletts verändern kann, wenn man innere Pixel löscht:

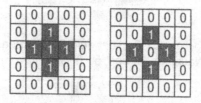

Markierungstechniken

Das Kriterium 3, die Konturpixel-Bedingung, ist so zu verstehen, daß in einem Iterationsschritt nur Pixel gelöscht werden dürfen, die *zu Beginn dieses Iterationsschrittes* bereits zur Kontur gehört haben. Prinzipiell hat man zwei Möglichkeiten, diese Einschränkung zu berücksichtigen:

- Man markiert vor jedem Iterationsschritt die Konturpixel und prüft nur für diese, ob sie gelöscht werden dürfen.
- Man markiert während eines Iterationsschrittes die löschbaren Pixel nur als **L**-Pixel und behandelt sie im Zusammenhang mit Kriterium 3 weiter wie Vordergrundpixel. Erst nach Abschluß des Iterationsschrittes werden sie tatsächlich zu **0**-Pixeln.

Das folgende Beispiel zeigt das unerwünschte Ergebnis des ersten Iterationsschrittes, wenn wir löschbare Pixel stets sofort zu Hintergrundpixeln machen:

0	0	0	0	0
0	1	1	1	0
0	1	1	1	0
0	1	1	1	0
0	0	0	0	0

0	0	0	0	0
0	0	0	1	0
0	0	0	1	0
0	1	1	0	0
0	0	0	0	0

Während sequentielle Verfahren jede der beiden Markierungstechniken benutzen können, müssen parallele Verfahren die Konturpixel vorab markieren.

8.1.3 Umgebungsklassen

Wir wollen nun zu den Kriterien 1 und 2 alle Umgebungen spezifizieren, auf die sie zutreffen. Ein Pixel **P** kann dann gelöscht werden, wenn seine Umgebung nicht unter diesen vorkommt und **P** außerdem ein Konturpixel ist.

Mehrfach vorkommende Varianten

Die acht Nachbarn von **P** gehören während einer Iteration einer der drei disjunkten Pixelklassen **0**, **1** und **L** an. Die Anzahl der theoretisch zu prüfenden 3x3-Umgebungen ist somit $3^8 = 6561$. Viele Umgebungsvarianten sind aber äquivalent, weil sie ineinander übergehen, wenn man sie um Vielfache von 90° dreht und evtl. an der vertikalen Mittelachse spiegelt. Wir können schon dadurch die Anzahl möglicher Umgebungsvarianten stark reduzieren.

Beispiel

Die unten gezeigten beiden Umgebungsvarianten gehen durch eine Drehung um 90° im mathematisch positiven Sinn und eine anschließende Spiegelung an der vertikalen Achse auseinander hervor:

0	0	0
0	P	0
1	1	0

0	0	0
1	P	0
1	0	0

Eine weitere Reduktion der Varianten wird durch die nun folgenden Maßnahmen erreicht, die Umgebungen weiter zu Klassen zusammenfassen.

Umgebungsklassen

Zunächst definieren wir drei neue Typen von Pixeln:

– Typ E: Ein Pixel ist vom Typ E, wenn es ein 1- oder ein L-Pixel ist.

– Typ H: Ein Pixel ist vom Typ H, wenn es ein 0- oder ein L-Pixel ist.

– Typ A: Damit bezeichnen wir ein beliebiges Pixel.

Mit diesen Bezeichnungen können wir Klassen von Umgebungen beschreiben, indem wir für Nachbarn des Umgebungsmittelpunktes statt fester Pixeltypen 0, 1 oder L die Pixeltypen E, H und A angeben.

Beispiel

1	1	0
1	*P*	0
0	0	0

1	*L*	0
1	*P*	0
0	0	0

1	*L*	0
L	*P*	0
0	0	0

Diese drei Umgebungen sind Repräsentanten der folgenden Umgebungsklasse:

1	*E*	0
E	*P*	0
0	0	0

Umgebungsklassen für das Kriterium 1

Das Kriterium 1 fordert die Erhaltung des Zusammenhangs. Dies ist zumindest in den folgenden beiden typischen Situationen notwendig:

X	0	*Y*
X	*P*	*Y*
X	0	*Y*

Y	0	*X*
0	*P*	*X*
X	*X*	*X*

Dabei muß je mindestens ein Pixel aus dem X- und aus dem Y-Block ein 1-Pixel sein. Diese Bedingung läßt sich noch modifizieren:

– Es spielt keine Rolle, ob die 0-Pixel in den obigen Umgebungen schon echte 0-Pixel sind oder erst im aktuellen Iterationsschritt zum Löschen markierte 1-Pixel. Wir können sie also durch H-Pixel ersetzen und erhalten dann die folgenden Umgebungsklassen:

$$\begin{array}{|c|c|c|} \hline X & H & Y \\ \hline X & P & Y \\ \hline X & H & Y \\ \hline \end{array} \qquad \begin{array}{|c|c|c|} \hline Y & H & X \\ \hline H & P & X \\ \hline X & X & X \\ \hline \end{array}$$

– Für die beiden im **X**-Block und im **Y**-Block geforderten **1**-Pixel spielt es keine Rolle, ob sie echte **1**-Pixel sind oder bereits zum Löschen vorgemerkt wurden: Falls beide Blöcke nur **L**- und **0**-Pixel enthalten, bleibt **P** als isoliertes Skelettpixel nach dem aktuellen Iterationsschritt erhalten. Falls nur einer der beiden Blöcke echte **1**-Pixel enthält, bleibt **P** als Endpunkt einer Skelettlinie nach Kriterium 2 erhalten.

Wir brauchen daher nur zu fordern, daß je mindestens ein Pixel aus dem **X**-Block und aus dem **Y**-Block ein **E**-Pixel ist. Damit erhalten wir die folgenden Umgebungen, die nach dem Kriterium 1 ein Löschen von **P** im aktuellen Iterationsschritt verbieten:

$$\begin{array}{|c|c|c|} \hline E & H & E \\ \hline A & P & A \\ \hline A & H & A \\ \hline \end{array} \quad \begin{array}{|c|c|c|} \hline E & H & A \\ \hline A & P & E \\ \hline A & H & A \\ \hline \end{array} \quad \begin{array}{|c|c|c|} \hline E & H & A \\ \hline A & P & A \\ \hline A & H & E \\ \hline \end{array} \quad \begin{array}{|c|c|c|} \hline A & H & A \\ \hline E & P & E \\ \hline A & H & A \\ \hline \end{array}$$

$$\begin{array}{|c|c|c|} \hline E & H & A \\ \hline H & P & A \\ \hline E & A & A \\ \hline \end{array} \quad \begin{array}{|c|c|c|} \hline E & H & A \\ \hline H & P & A \\ \hline A & E & A \\ \hline \end{array} \quad \begin{array}{|c|c|c|} \hline E & H & A \\ \hline H & P & A \\ \hline A & A & E \\ \hline \end{array}$$

Umgebungsklassen zum Kriterium 2

Das Kriterium 2 fordert die Erhaltung von Endpunkten einer Skelettlinie. Wir fordern, daß ein Pixel **P** in der folgenden Situation nicht gelöscht werden darf:

$$\begin{array}{|c|c|c|} \hline 0 & 0 & A \\ \hline 0 & P & A \\ \hline 0 & 0 & 0 \\ \hline \end{array}$$

Falls eines oder beide **A**-Pixel echte **1**-Pixel sind, ist **P** ein Linienendpunkt, falls beide **A**-Pixel **0**-Pixel oder **L**-Pixel sind, ist **P** ein isolierter Punkt.

Umgebungsklasse für einen Sonderfall

Zusätzlich zu den bisherigen Situationen verbieten wir das Löschen von **P** in der folgenden Umgebung:

$$
\begin{array}{|c|c|c|}
\hline
L & L & 0 \\
\hline
L & P & 0 \\
\hline
0 & 0 & 0 \\
\hline
\end{array}
$$

Damit wird verhindert, daß eine 2x2 Pixel umfassende Fläche ganz gelöscht wird, denn alle ihre Pixel sind Konturpixel, und keine der bisher betrachteten Umgebungen verhindert das Löschen von *P*.

Prüfung von Kriterium 3

Bei der Überprüfung von Kriterium 3 (Kontur-Pixel-Bedingung) müssen zum Löschen bereits markierte Pixel (*L*-Pixel) wie *1*-Pixel behandelt werden. Daraus folgt, daß ein Pixel das Kriterium 3 erfüllt, mindestens einen echten, direkten *0*-Nachbarn besitzen muß.

8.1.4   Der Skelettierungsalgorithmus

Damit läßt sich nun der endgültige Skelettierungsalgorithmus wie folgt angeben:

```
FUNCTION Thinning;
BEGIN
  DeleteBorderPixels;
  REPEAT
  { Durchlaufe die Bildzeilen, dabei sind immer drei  }
  { aufeinanderfolgende Zeilen im Blick               }
    FOR Midline := 2nd_Line TO Last_Line-1 DO
      BEGIN
        Topline    := Midline-1;
        Bottomline := Midline+1;
        FOR P:=2nd_Pixel(Midline) TO Last_Pixel(Midline)-1 DO
          BEGIN
            { stelle aktuelle Umgebung von P fest }
            Neighbours := Get_Neighbours(P);

            { Falls P 1-Pixel ist und gelöscht werden kann, }
            { merke P zum Löschen vor:                       }
            IF Is_In_Class_1(P) AND Is_deletable(P,Neighbours))
              THEN P := Move_To_Class_L(P);
          END;
      END;

  { Nach jedem Durchlauf: zum Löschen vorgemerkte Pixel löschen }
  FOR 2nd_Line TO Last_Line-1 DO
  FOR 2nd_PixelOfLine TO Last_PixelOfLine-1 DO
    IF Is_In_Class_L(P) THEN
      BEGIN
        P := Move_To_Class_0(P);
        Pixel_modified:= TRUE;
```

```
        END;
  UNTIL Pixel_modified=FALSE;
  RETURN(Picture);   { Fertig ! }
END;

{ Is_deletable liefert das Ergebnis TRUE, falls die Umgebung von }
{ P mit keiner vordefinierten Umgebung übereinstimmt   .         }
FUNCTION Is_deletable(P,Neighbours)
BEGIN
  Found := FALSE;
  actMatrix := 1;
  WHILE (actMatrix<=NumberOfMatrices) AND NOT Found DO
  BEGIN
    Matrix := Matrices[actMatrix];   { Umgebungsmatrix auswählen }
    FOR I:=1 TO 2 DO { Spiegelungsschleife }
      BEGIN
        FOR J:= 1 TO 4 DO { Rotationsschleife }
          BEGIN
            { Umgebungstest positiv ? }
            IF Matching(Matrix,P,Neighbours) THEN Found:=TRUE;
            RotateMatrix_90°;
          END;
        ReflectMatrixVertical;
      END;
    actMatrix := actMatrix+1;
  END;
  RETURN(NOT Found);
END;
```

8.2   Die Hough-Transformation

Beim Einscannen von Linienzeichnungen durch Kanten-Operatoren und andere Verarbeitungsschritte entstehen statt idealer Linienkonturen oft unterbrochene und in ihrem Verlauf gestörte Pixellinien. Die Hough-Transformation ist eine Methode, mit der solche gestörten Konturen in Geradensegmente umgewandelt werden können. Die Methode läßt sich auf beliebige parametrisierbare Kurven erweitern, z.B Kreise, Spline- oder Bezier-Kurven.

Methodischer Ansatz

Für alle Punkte $p = (x, y)$ auf einer Geraden S_0 mit dem Richtungswinkel Θ_0 hat die Projektion ihres Ortsvektors auf den Richtungsvektor $(\cos(\Theta_0), \sin(\Theta_0))$ den konstanten Wert r_0, wie die Abbildung 8.3 zeigt. Dies läßt sich durch die Hesse' sche Normalform der Geradengleichung ausdrücken:

$$x * \cos(\Theta_0) + y * \sin(\Theta_0) - r_0 = 0.$$

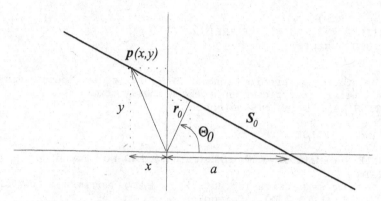

Abb 8.3   Zur Hesse' schen Normalform der Geradengleichung

In einem zweidimensionalen Raum mit einem (r,Θ)-Koordinatensystem ist die Gerade S_0 also durch den Punkt (r_0,Θ_0) charakterisiert.

Wenn wir zu einem festen Punkt $p_1 = (x_1,y_1)$ auf der Geraden S_0 das durch ihn gehende Geradenbüschel betrachten, dann entspricht diesem Büschel die Kurve K_1 im (r,Θ)-Raum, die in Abbildung 8.4 dargestellt ist. Analog gehört zu dem Geradenbüschel durch einen zweiten Punkt $p_2 = (x_2,y_2)$ auf der Geraden S_0 eine Kurve K_2. Weil die Gerade S_0 beiden Geradenbüscheln angehört, müssen sich die Kurven K_1 und K_2 im Punkt des (r,Θ)-Raumes schneiden. Zu allen weiteren Punkten p auf S_0 müssen die zugehörigen Kurven K ebenfalls durch den Punkt (r,Θ) laufen.

Damit haben wir einen Weg, um in einem Binärbild mit gestörten Pixelkonturen die Geraden und Geradensegmente herauszufinden:

Zunächst diskretisieren wir den (r,Θ) Raum, so daß wir ihn als eine Matrix darstellen können. Die Matrixkomponenten werden mit 0 initialisiert. Nun betrachten wir der Reihe nach alle Pixel p des Bildes und bestimmen zu p die Punkte des diskreten (r,Θ)-Raumes, durch den die zu p gehörende Kurve K geht. Die zugehörigen Matrix-Elemente werden um 1 erhöht.

Am Ende dieser Akkumulation werden diejenigen Punkte im (r,Θ)-Raum ein hohes Gewicht haben, die von vielen Kurven K getroffen wurden. Diese Punkte entsprechen genau denjenigen Geraden, auf denen viele Bildpunkte lagen.

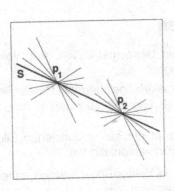

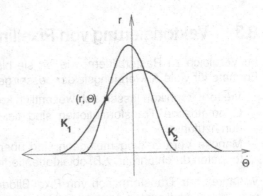

Abb. 8.4   Zusammenhang zwischen Geraden im Bild und dem (r,Q)-Raum

Das Ergebnis dieses Prozesses sind zunächst unbegrenzte Geraden. Durch einen Nachbearbeitungsschritt können begrenzte Geradensegmente herausgefunden werden: Es werden nur diejenigen Abschnitte der Geraden beibehalten, in denen auch im Originalbild genügend viele Bildpunkte gesetzt sind. Dadurch lassen sich Lücken im Originalbild schließen.

Abbildung 8.5 zeigt ein Originalbild, das Ergebnis der Akkumulation und die 15 Geraden mit den meisten Punkten.

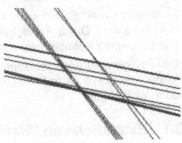

Abb. 8.5   Hough-Transformation einer (zu grob) gescannten Zeichnung:

links: ein Bild mit stark gestörten Geradensegmenten
Mitte: das Ergebnis der Akkumulation
rechts: die ersten 15 detektierten Geraden

8.3   Vektorisierung von Pixellinien

Im Vergleich zu Rasterbildern, wie wir sie bisher betrachtet haben, sind Vektor-Formate für viele Anwendungsfelder besser geeignet:

- Vektor-Graphiken lassen sich wesentlich kompakter speichern als Rasterbilder.
- Geometrische Transformationen sind flexibler und mit geringerem Aufwand durchzuführen.
- Manche Verarbeitungsmethoden sind überhaupt nur auf vektorisierten Bilder-formaten durchführbar, z.B. objektorientierte Bildmanipulationen.

Verfahren zur Transformation von Pixel-Bildern in Vektor-Bilder werden daher in den unterschiedlichsten Anwendungsbereichen benötigt, z.B.

- bei der Erfassung von Kartenmaterial zur Weiterverarbeitung in elektronischen Informationssystemen,
- bei der Übernahme eingescannter Konstruktionspläne in CAD-Systeme oder
- bei Verfahren zur automatischen Texterkennung.

Wir betrachten hier einen Ansatz, der die folgenden Schritten umfaßt:

- Zunächst wird das Graustufen-Ausgangsbild durch Binarisierung und Skelettie-rung in ein Rasterbild transformiert, das nur noch Pixellinien enthält, wie sie in Abschnitt 8.1 definiert wurden.
- In einem zweiten Schritt werden aus dem Bild die Pixelfolgen der einzelnen Li-nien extrahiert. Diese Pixelfolgen kann man bereits als einen Polygonzug auf-fassen, der die benachbarten Linienpixel verbindet.
- Der Polygonzug wird geglättet, d.h., längere gerade oder fast gerade verlau-fende Abschnitte einer Pixel-Linie werden durch einen einzigen Vektor ersetzt oder approximiert.

8.3.1   Extraktion von Pixellinien

Wir gehen davon aus, daß die vorbereitenden Schritte bereits ausgeführt sind und das Bildmaterial nur noch schwarze Pixellinien auf einem weißen Hintergrund enthält. Der erste Schritt des Vektorisierungsprozesses muß nun zu jeder Pixel-Linie die Folge ihrer Bildpunkte extrahieren und im Richtungscode-Format ablegen. Dazu wird das Bild systematisch durchsucht bis erstmals eine Linie angetroffen wird. Die Linie wird nun von dieser Stelle an weiterverfolgt und dabei als Richtungscode ausgegeben. Danach wird die systematische Suche nach weiteren Linien fortge-setzt, bis das ganze Bild abgearbeitet ist. Der folgende Pseudocode beschreibt den prinzipiellen Ablauf der Linienverfolgung.

Dabei bedeuten die Marken der Pixel:

0=Punkte einer neuen Linie,
1=Punkte einer bereits bearbeiteten Linie,
2=Punkte der aktuellen Linie

```
FUNCTION LineTrace
BEGIN
   FOR Zeile  i:=1 TO N DO { Schleife über die Bildzeilen }
   FOR Spalte j:=1 TO N DO { Schleife über die Bildspalten }
   BEGIN
     IF Pixel[i,j]=0 { Anfang einer neuen Vektors } THEN
     BEGIN
        Merke Pixel[i,j] als neuen Linienanfang
        REPEAT
           Setze Pixel[i,j]=2 { gehört zur aktuellen Linie }
           Gehe zum nächsten Nachbarn mit Wert 0, falls vorhanden
        UNTIL Keine Nachbarn mit Wert 0 vorhanden
     END
     IF geschlossene Linie gefunden  THEN Stelle Anfang fest
     Gib aktuellen Linie als Vektorzug aus
     Markiere die Pixel der Linie als 1-Pixel
   END
END
```

Im Detail sind bei der Linienverfolgung weitere Gesichtpunkte zu beachten, z.B.

- Wenn eine Linie verzweigt, dann wird diejenige Alternative weiterverfolgt, bei
  der sich die bisherige Richtung am wenigsten ändert:

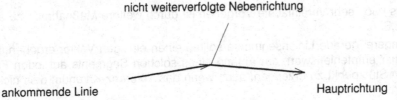

- Wenn zwei Linien sich kreuzen, muß dies berücksichtigt werden. Die Verfol-
  gung darf z.B. nicht in die alte Linie hineinlaufen:

schon vektorisierte Linie

ankommende Linie

Hauptrichtung

- Im Hinblick auf die nachfolgende Glättung wird bei geschlossenen Linien der Startpunkt so gewählt, daß das erste Liniensegment möglichst lang ist.
- Bei der Ausgabe der aktuell verfolgten Linie als Richtungscode werden identische Richtungscode-Ziffern nur einmal mit einem Wiederholungsfaktor abgelegt, um eine bessere Kompression zu erreichen.

8.3.2 Glättungsverfahren

Die Qualität eines Vektorisierers wird wesentlich durch die dabei eingesetzten Glättungstechniken bestimmt. Eine einfache, auf das unbedingt Notwendige beschränkte Methode ist die folgende:

1. Lege durch die ersten n Punkte $p_1, p_2, \cdots, p_n$ einer Richtungscode-Linie den Startvektor v_1.

2. Nimm den nächsten Punkt der Pixel-Linie hinzu und lege einen Vektor v_2 duch
$$p_1, p_2, \cdots, p_n, p_{n+1}.$$

3. Falls v_1 und v_2 sich um mehr als eine vorgegebene Toleranz unterscheiden, dann gib v_1 als nächsten Vektor der aktuellen Linie aus und beginne mit p_{n+1} einen neuen Vektor gemäß dem Schritt 1. Andernfalls ersetze n durch $n+1$ und mache weiter bei Schritt 2.

Dieses noch sehr vereinfachte Vorgehen ist durch weitere Maßnahmen zu ergänzen, z.B.:

- Längere, gerade Liniensegmente sollten einen einzigen Vektor ergeben. Es ist daher empfehlenswert, am Anfang eines solchen Segments auf jeden Fall einen Stützpunkt zu erzeugen, auch wenn das Toleranz-Kriterium dies nicht fordert.
- Zwei Polygonzüge, die einen gemeinsamen Anfangs- bzw. Endpunkt haben, sollten zu einer einzigen Linie zusammengefaßt werden.
- Bei geschlossenen Linien werden bessere Resultate erreicht, wenn das erste Liniensegment nicht zu kurz ist. Es empfiehlt sich daher, den Anfangspunkt geeignet zu wählen.

– Da die Toleranz in Schritt 3 großen Einfluß auf das Ergebnis der Vektorisierung hat, ist es zweckmäßig, sie dem jeweiligen Bildmaterial anzupassen, z.B. durch interaktive Festlegung.

Abbildung 8.6 zeigt ein Originalbild und das Ergebnis der Vektorisierung mit verschiedenen Toleranzen.

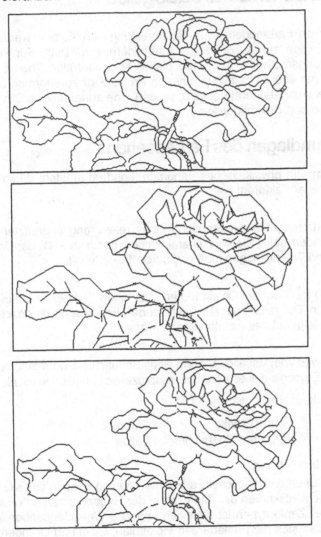

Abb. 8.6   Originalbild und Vektorisierung mit unterschiedlichen Toleranzen

9 Farbe und Farbausgabe

Ausgehend von Farbmodellen zur Beschreibung von Farben werden Verfahren und Technologien zur Ausgabe von Farbbildern vorgestellt. Für konventionelle Bildverarbeitungsmethoden ist Farbe bisher kein zentrales Thema. Die jüngste Entwicklung hat aber vor allem im unteren Preissektor zu enormen Leistungssteigerungen der Ausgabegeräte geführt, so daß eine zunehmende Zahl von Anwendungen Farbe berücksichtigen kann.

9.1 Grundlagen des Farbensehens

Farbe ist kein rein physikalisches Pänomen, sondern entsteht durch das Zusammenwirken dreier Faktoren:

Licht
Es muß elektromagnetische Strahlung eines relativ eng begrenzten Spektralbereichs vorhanden sein. Sie wird charakterisiert durch ihre *Wellenlänge*, die zwischen 400 und 700 nm liegen muß und durch ihre *Intensität*.

Objekte
Die Strahlung muß auf ein Objekt treffen, das einen Teil der Strahlung absorbiert, einen anderen Teil reflektiert. Das einfallende Licht bewirkt demnach zusammen mit einem Objekt, auf das es trifft, einen *Farbreiz*.

Beobachter
Der Farbreiz wird vom visuellen System eines Beobachters wahrgenommen und verarbeitet. Das Ergebnis dieses Verarbeitungsprozesses empfinden wir als *Farbe*.

Schematisch können wir also sagen:

$$\text{Licht} + \text{Objekt} \rightarrow \text{Farbreiz}$$
$$\text{Farbreiz} + \text{Beobachter} \rightarrow \text{Farbe}$$

Additive Farbmischung

Die Entstehung unterschiedlicher Farben im visuellen System läßt sich gut anhand der Empfindlichkeitskurven der Zäpfchen in der Retina verstehen (Abbildung 9.1): Jeder der drei Zapfentypen ist für einen anderen Wellenlängenbereich sensibel. Daraus ergeben sich die Primärfarben Violettblau, Grün und Orangerot, wenn nur ein Zapfentyp angeregt wird.

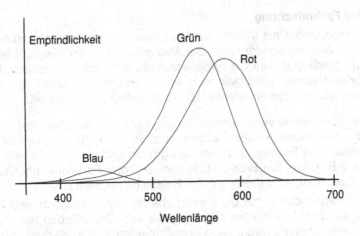

Abb. 9.1   Emfindlichkeitskurve der Zäpfchen im menschlichen Auge

Werden von einem Farbreiz alle Rezeptoren gleich stark angeregt, dann interpretieren wir dies als den Farbton Weiß. Werden die Zapfentypen verschieden stark
angeregt, dann entstehen Sekundärfarben. Die folgende Tabelle zeigt, wie durch
additive Mischung der drei Primärfarben die acht Grundfarben entstehen.

Primärfarbe			Grundfarbe
Violettblau	Grün	Orangerot	
⊗	–	–	Violettblau
–	⊗	–	Grün
–	–	⊗	Orangerot
⊗	⊗	–	Cyan
⊗	–	⊗	Magenta
–	⊗	⊗	Gelb
⊗	⊗	⊗	Weiß
–	–	–	Schwarz

Additive Farbmischung liegt bei der Ausgabe auf Bildschirmen vor: In jedem Punkt
des Bildschirms können ein roter, ein blauer und ein grüner Phosphorpunkt unabhängig voneinander angesteuert werden. Ihre Strahlungssumme ergibt so den
Farbreiz für diesen Bildpunkt.

Subtraktive Farbmischung

Beim Zusammentreffen mit Materie werden Lichtwellen teilweise absorbiert und erreichen somit den Beobachter nicht. Die Absorption ist in der Regel nicht für jede Wellenlänge gleich groß. Nur der reflektierte Anteil des Lichtes verursacht beim Beobachter einen Farbreiz. Ein Objekt wirkt weiß, wenn es (fast) kein Licht absorbiert, und schwarz, wenn es das einfallende Licht (fast) vollständig absorbiert.

Beim Farbdruck werden verschiedene Farbpigmente übereinander auf das Papier aufgebracht. Die obenliegenden Farbpigmente wirken daher als Filter für die darunterliegenden. Ein Rotfilter absorbiert die grünen und blauen Anteile des Spektrums, also z.B. Cyan. Ein Bildpunkt, in dem ein roter Farbpunkt über einem mit der Farbe Cyan liegt, wirkt daher auf den Beobachter schwarz.

Farbdrucker verwenden daher die Primärfarbstoffe Cyan, Magenta und Gelb und stellen daraus durch subtraktive Mischung die acht Grundfarben her. Zusätzlich verwendet man noch Schwarz als vierte Primärfarbe, u.a. deshalb, weil durch subtraktive Mischung keine perfekten schwarzen Farbtöne zu erzielen sind.

Die folgende Tabelle zeigt, wie die Sekundärfarben durch subtraktive Mischung entstehen:

Primärfarbe			Grundfarbe
Cyan	Magenta	Gelb	
⊗	–	–	Cyan
–	⊗	–	Magenta
–	–	⊗	Gelb
⊗	⊗	–	Violettblau
⊗	–	⊗	Grün
–	⊗	⊗	Orangerot
⊗	⊗	⊗	Schwarz
–	–	–	Weiß

Parameter der Farbwahrnehmung

Die *subjektive* Wahrnehmung von Farben hängt einerseits von objektiven physikalischen Größen ab. Dazu gehören:

Farbton
Dieser Parameter gibt an, welche Wellenlängen des Lichts am Farbeindruck beteiligt sind.

Farbsättigung

Damit wird die Reinheit eines Farbtons beschrieben. Reinen Farbtönen liegt nur ein sehr schmales Spektralband zugrunde, während Pastelltöne ein breiteres Spektrum von Wellenlängen besitzen.

Helligkeit

Diese Größe beschreibt die Energiedichte der beim Beobachter eintreffenden Lichtstrahlung.

Zusätzlich zu diesen physikalischen Parametern wird die Farbwahrnehmung aber auch von physiologischen Mechanismen beeinflußt, die erst teilweise verstanden werden. Dazu gehören z.B. die folgenden Effekte:

Simultankontrast

Die Wahrnehmung der Helligkeit und der Farbe eines Objekts hängt auch davon ab, welche Helligkeit und welche Farbe seine Umgebung besitzt: Ein Kreis mittlerer Helligkeit erscheint vor einem weißen Hintergrund dunkler als vor einem schwarzen. Ähnliches gilt auch für farbige Objekte:

Adaption

Mit Adaption bezeichnet man die Fähigkeit des visuellen Systems, sich an die durchschnittliche Helligkeit einer Szene anzupassen. Ein Objekt wird bei guter Beleuchtung als gleich hell eingestuft, wie bei geringer.

Umstimmung

Der Farbeindruck von einem Objekt ist bei Tages- und Kunstlicht gleich, obwohl der Farbreiz aufgrund der verschiedenen spektralen Zusammensetzung des Lichts ganz verschieden sein kann.

CIE-Normfarbwerte

Um den Farbeindruck eines Beobachters unabhängig von individuellen Besonderheiten zu beschreiben, wurde von der Commission International de l'Eclairage, CIE, ein Modell definiert, das einen Farbeindruck durch drei unabhängige *Farbvalenzen* beschreibt.

Zunächst wurden dazu drei Empfindlichkeitskurven für einen Standard-Beobachter festgelegt, die Abbildung 9.2 zeigt.

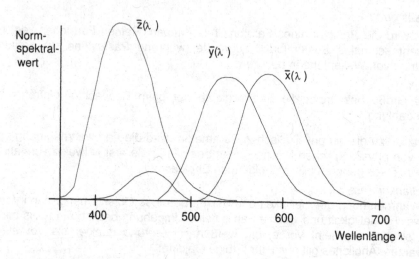

Abb. 9.2   Empfindlichkeitskurve nach CIE

Die spektralen Kurven wurden von der CIE in zwei Varianten definiert: für Beobachtungswinkel von 2° und von 10°, um zu berücksichtigen, daß der Farbeindruck auch von der Größe einer Farbfläche abhängt.

Damit können drei objektive Meßgrößen definiert werden, die für den Farbeindruck eines Standardbeobachters maßgebend sind:

– Das Objekt, das charakterisiert wird durch sein Remissionsverhalten,
– die Beleuchtung, die durch ihre spektralen Bestandteile definiert ist, und
– die Empfindlichkeitskurven des Standard-Beobachters.

Diese Größen heißen *Normfarbwerte* oder *Normvalenzen* und werden mit X, Y, Z bezeichnet. Abbildung 9.3 symbolisiert diesen Zusammenhang.

Farbmetrik

Da die Farbempfindung unabhängig von der Helligkeit ist, kann man nur Normfarbwerte mit *X+Y+Z=1* betrachten. Dadurch werden die drei Normfarbwerte X, Y, Z reduziert auf die zwei Größen

$$x = \frac{X}{X+Y+Z} \quad \text{und} \quad y = \frac{Y}{X+Y+Z}.$$

Trägt man die für x und y möglichen Werte in ein zweidimensionales Diagramm ein, so erhält man die CIE-Norm-Farbtafel der Abbildung 9.4. Die reinen Spektralfarben liegen dabei auf dem Rand der „Schuhsohle", während die Sättigung zum Zentrum hin abnimmt.

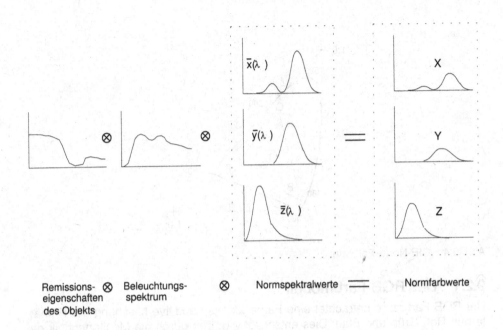

Abb. 9.3   Ermittlung der CIE-Normfarbwerte

Die Farben Rot, Grün und Blau von Farbmonitoren bilden das Dreieck mit den Eckpunkten R, B, G in der Abbildung 9.4. Es können daher mit einem Monitor nur die Farbtöne innerhalb des von ihnen begrenzten Dreiecks dargestellt werden. Der Punkt D_{65} entspricht der in Europa verwendeten Farbe Normweiß.

9.2   Farbmodelle

Die Bedeutung der CIE-Normvalenzen liegt darin, daß sie eine objektive Möglichkeit zur Kennzeichnung von Farben darstellen. Insofern kommt ihnen z.B. bei der Kalibrierung von Bildschirmen und Farbdruckern große Bedeutung zu. Da sie aber weder unseren intuitiven Vorstellungen von Farben entsprechen noch ein direkter Zusammenhang zu technischen Farbaufnahme- und Wiedergabegeräten besteht, verwendet man in der Bildverarbeitung weitere Farbmodelle, die auf spezielle Einsatzbereiche zugeschnitten sind.

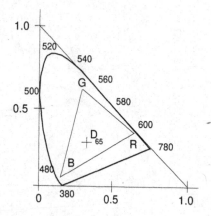

Abb. 9.4   CIE-Norm-Farbtafel

9.2.1   Das RGB-Farbmodell

Der RGB-Farbraum betrachtet eine Farbe als eine additive Mischung der Primärfarben Rot, Grün und Blau. Dies entspricht z.B. den durch die Monitortechnik gegebenen technischen Randbedingungen: Die Farbe eines Bildschirm-Pixel wird
dort mit einem roten, einem grünen und einem blauen Phosphorpunkt realisiert.
Auch viele Bildaufnahmegeräte liefern ein RGB-Signal.

Abbildung 9.5 zeigt ein Würfel-Modell des RGB-Farbenraumes. Jede mögliche
Farbe ist eine Konvexkombination der Vektoren $\vec{R}$, $\vec{G}$ und $\vec{B}$.

Auf der Diagonalen des Würfels liegen die Farbtöne mit gleich großen Rot-, Grün-
und Blau-Anteilen, d.h. die Grautöne. Sie wird deshalb auch als Unbunt-Gerade
bezeichnet.

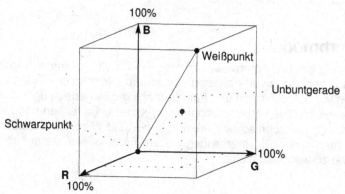

Abb. 9.5   Der RGB-Farbraum

Wenn jede der drei Primärfarben mit einer Auflösung von 256 Werten dargestellt werden kann, dann erhalten wir $256^3 = 16{,}7$ Mio. verschiedene Farbtöne.

9.2.2 Das CMY-Farbmodell

In der Drucktechnik spielen subtraktive Farbmodelle eine wichtige Rolle. Das am häufigsten anzutreffende Modell basiert auf den Primärfarben Cyan, Magenta und Gelb (Yellow). Als zusätzliche Primärfarbe wird meist noch Schwarz verwendet, denn:

- Die Überlagerung der drei Primärfarben ergibt in der Praxis kein Tiefschwarz und
- bei Mischfarben kann man den Grau-Anteil subtrahieren und mit schwarzer Farbe drucken, wodurch der Farbverbrauch reduziert wird.

Dann spricht man vom CMYK-Farbmodell.

Die Transformation zwischen dem RGB- und dem CMY-System ist sehr einfach:

$$\begin{bmatrix} R \\ G \\ B \end{bmatrix} = \begin{bmatrix} S \\ S \\ S \end{bmatrix} - \begin{bmatrix} C \\ M \\ Y \end{bmatrix} \quad \text{und} \quad \begin{bmatrix} C \\ M \\ Y \end{bmatrix} = \begin{bmatrix} W \\ W \\ W \end{bmatrix} - \begin{bmatrix} R \\ G \\ B \end{bmatrix},$$

wobei S und W die Maximalwerte für Weiß im CMY- bzw. im RGB-System darstellen. Ein Würfel-Modell des CMY-Farbenraums läßt sich analog zum Würfelmodell des RGB-Farbraums zeichnen. Der Nullpunkt liegt aber im Weißpunkt des RGB-Systems.

9.2.3 Das HIS-Farbmodell

Während das RGB- wie auch das CMY-Farbmodell einen technischen Hintergrund haben, beschreibt der HIS-Raum eine Farbe durch die Parameter

- Farbton (Hue),
- Intensität (Intensity),
- Sättigung (Saturation).

Er entspricht daher besser als das RGB-Modell der Farbwahrnehmung unseres visuellen Systems. Der HIS-Farbenraum spannt einen Zylinder auf, wie er in Abbildung 9.6 dargestellt ist. Die Position eines Farbpunktes läßt sich in Zylinder-Koordinaten beschreiben:

- Die Farbintensität wird entlang der Zylinderachse aufgetragen.
- Die Farbsättigung wird durch den Abstand von der Zylinderachse dargestellt.
- Der Farbton entspricht der Winkelkoordinate.

Die Unbunt-Gerade in diesem Modell ist die Zylinderachse, wobei der Weißpunkt im obersten Punkt der Zylinderachse liegt. Farben auf dem Zylindermantel besitzen volle Sättigung. Jeder Farbe ist ein bestimmter Winkel zugeordnet (siehe Abbildung 9.7).

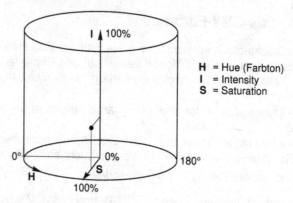

Abb. 9.6   Der HIS-Farbraum

Jedem Punkt des RGB-Raumes kann ein Punkt im HIS-Raum zugeordnet werden, aber nicht zu jedem Farbpunkt des HIS-Raums läßt sich ein Punkt des RGB-Raumes finden: Im RGB-Raum hat nur die Farbe Weiß maximale Helligkeit, während Farben mit hohem Buntgrad eine geringere Helligkeit aufweisen.

Gibt man die Helligkeit einer Farbe durch die Intensitäten der drei Primärfarben an mit einem Maximalwert von je 100, so hat Weiß eine Helligkeit von *(100,100,100)*, während gesättigtes Rot nur eine Helligkeit von *(100,0,0)* besitzt.

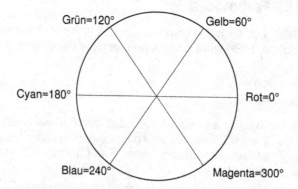

Abb. 9.7   Die Farbkoordinaten im HIS-Farbraum

Die Umwandlung von Farbwerten des RGB-Raumes in den HIS-Raum läßt sich als eine Transformation von kartesischen Koordinaten in Zylinderkoordinaten durchführen: Zunächst wird die Blau-Achse des RGB-Systems in die Unbuntgerade gedreht mit der Transformation

$$
\begin{bmatrix} M_1 \\ M_2 \\ I_1 \end{bmatrix} = \begin{bmatrix} \dfrac{2}{\sqrt{6}} & \dfrac{-1}{\sqrt{6}} & \dfrac{-1}{\sqrt{6}} \\ 0 & \dfrac{1}{\sqrt{2}} & \dfrac{-1}{\sqrt{2}} \\ \dfrac{1}{\sqrt{3}} & \dfrac{1}{\sqrt{3}} & \dfrac{1}{\sqrt{3}} \end{bmatrix} * \begin{bmatrix} R \\ G \\ B \end{bmatrix}
$$

Damit erhalten wir ein kartesisches Koordinatensystem für den zylindrischen HIS-Raum. In einem zweiten Schritt gehen wir über zu Zylinderkoordinaten (H, I, S) mit:

$$H = \arctan\left(M_1 / M_2\right)$$

$$S = \sqrt{M_1^2 + M_2^2}$$

$$I = I_1\sqrt{3}$$

Die Transformation von Punkten des HIS-Raums in RGB-Farben hat dann die Gleichungen:

$$M_1 = S\sin(H)$$

$$M_2 = S\cos(H)$$

$$I_1 = I\sqrt{3}$$

$$
\begin{bmatrix} R \\ G \\ B \end{bmatrix} = \begin{bmatrix} \dfrac{2}{\sqrt{6}} & 0 & \dfrac{1}{\sqrt{3}} \\ \dfrac{-1}{\sqrt{6}} & \dfrac{1}{\sqrt{2}} & \dfrac{1}{\sqrt{3}} \\ \dfrac{-1}{\sqrt{6}} & \dfrac{-1}{\sqrt{2}} & \dfrac{1}{\sqrt{3}} \end{bmatrix} * \begin{bmatrix} M_1 \\ M_2 \\ I_1 \end{bmatrix}
$$

Die Farbdarstellung im HIS-Raum entspricht besser als die im RGB-Raum unserem intuitiven Verständnis von Farben. So liefert z.B. die Wirkung von Filtern auf Farbbilder im HIS-Raum wesentlich bessere Ergebnisse als im RGB-Raum, wo sie oft unkalkulierbar ist.

9.3   Grundlagen des Graphikdrucks

Während die Ausgabe farbiger Bilder am Monitor schon seit vielen Jahren in guter Qualität und mit tragbaren Kosten möglich ist, gelten Farbdrucker immer noch als teuer und kompliziert. Für High-End-Geräte ist diese Einschätzung auch heute noch gültig. Die Situation ist aber insofern im Umbruch, als inzwischen Drucker im unteren Preissegment (unter 1000,- DM) eine für den Massenmarkt akzeptable Druckqualität liefern und auch Geräte im oberen Leistungsbereich langsam billiger werden.

In diesem Abschnitt besprechen wir die grundsätzlichen Probleme und Lösungsansätze im Zusammenhang mit der Druckausgabe von Bildern, während der nächste Abschnitt die wichtigsten aktuellen Drucktechnologien vorstellt.

Anforderungen an Graphik-Drucker

Konventionelle Textdrucker arbeiten mit einer einzigen Volltonfarbe und müssen vor allem eine hohe Auflösung an den Rändern von Buchstaben und Linien besitzen. Ein Druckverfahren, das dafür optimiert wurde, ist z.B. das RET-Verfahren von Hewlett Packard. Der Druck von Bildern und Graphiken erfordert dagegen ganz andere Drucker-Merkmale:

- Es müssen Farbtöne durch Mischen von Primärfarben approximiert werden.
- Die Farbtöne sind in unterschiedlichen Sättigungen (Halbtönen) zu drucken.
- DTP-Drucker müssen zusätzlich eine gleich hohe Auflösung wie Textdrucker aufweisen.

Halbtonverfahren

Zur Darstellung von Graustufen bzw. Intensitäten eines Farbtons werden bei Rasterdruckern Halbtonverfahren eingesetzt. Wir unterscheiden dabei drei Alternativen, die in Abbildung 9.8 schematisch dargestellt sind:

Variable Farbsättigung der Rasterpunkte bei konstanter Punktgröße
Dieses Verfahren wird nur bei Thermosublimations- und Farblaserdruckern eingesetzt und basiert darauf, daß in den Pixeln die Farbe unterschiedlich dicht aufgetragen wird, ihre Größe aber konstant bleibt.

Variable Punktgröße bei konstanter Farbsättigung
Dabei wird die Punktgröße variiert, die Dichte der aufgetragenen Farbe bleibt aber konstant. Dieses Verfahren kommt zum Einsatz beim kontinuierlichen Tintenstrahlverfahren.

Simulation von Halbtönen mit Ditherverfahren
Drucker, die die Intensität der einzelnen Bildpunkte oder deren Größe nicht steuern können, müssen auf Dithertechniken zur Simulation von Halbtönen zurückgreifen. Zu dieser Gruppe gehören thermische   Bubble Jet-Drucker, Piezo-Tintenstrahldrucker für flüssige und feste Farbstoffe sowie Thermotransferdrucker.

Alle diese Verfahren liefern eine diskrete Skala von Halbtönen. Das menschliche Auge kann etwa 150 verschiedene Grau- bzw. Farbabstufungen unterscheiden. Echte Halbtondrucker, d.h. Geräte, welche ohne Ditherung auskommen, benötigen daher 8 Bit pro Pixel, um diese Auflösung zu erreichen.

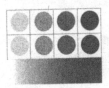 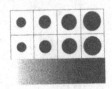 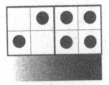

Variable Farbsättigung   Variable Punktgröße   Dithermethode

Abb. 9.8   Schematische Darstellung der Halbton-Techniken

Dithertechniken

Zur Simulation von Grauwert- bzw. Farbintensitäten teilen die meisten Drucker das Bild in *Halbtonzellen* auf, kleine quadratische Arrays von Pixeln. Zur Simulation eines bestimmten Halbtones wird eine geeignete Teilmenge der Pixel gedruckt.

Für einen 300x300-dpi-Farbdrucker ist eine 5x5 Pixel große Halbtonzelle üblich. Damit ist jede der drei Grundfarben mit 26 verschiedenen Intensitäten darstellbar, womit sich $26^3 = 17576$ verschiedene Farben darstellen lassen.

Darüber hinaus spielt aber auch die Anordnung der gedruckten Pixel in der Halbtonzelle eine wesentliche Rolle für die Druckqualität. Man unterscheidet drei verschiedene Ansätze bei der Wahl der Spot-Funktion, die die Verteilung vornimmt:

Dispersed Dithering
Bei dieser Methode werden die gesetzten Pixel möglichst gleichmäßig über die Halbtonzelle verteilt. Bei einem Kontrastverhältnis von 50%, d.h. wenn genau die Hälfte der Pixel gedruckt wird, erhält man dabei homogen wirkende Flächen, alle anderen Kontrastverhältnisse führen aber zu groberen Strukturen und Moiré-Effekten. Außerdem können minimale Abweichungen bei der Größe der Pixel, wie sie bei Tintenstrahldruckern vorkommen, sich negativ auf die Druckqualität auswirken. Abbildung 9.9 zeigt die Simulation verschiedener Grautöne, wobei die Flächen je vier Halbtonzellen groß sind.

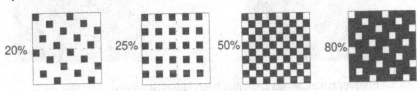

Abb. 9.9   Dispersed Dithering für unterschiedliche Kontrastverhältnisse

Clustered Dithering

Dieses Verfahren versucht eine variable Punktgröße zu simulieren. Dazu ordnet die Spotfunktion alle zu druckenden Punkte einer Halbtonzelle vom Zentrum ausgehend spiralförmig an. Je mehr Punkte gedruckt werden, umso größer wird der Farbpunkt in der Mitte der Halbtonzelle (siehe Abbildung 9.10).

22	18	14	10	25
11	7	3	6	21
15	4	1	2	17
19	8	5	9	13
23	12	16	20	24

Abb. 9.10　Clustered Dithering: 5x5-Spotfunktion und zwei Halbtonzellen

Dithering mit Fehler-Diffusion

Die oben skizzierten Ditherverfahren können nur begrenzt viele Intensitätswerte darstellen und verursachen damit zwangsläufig auch einen Quantisierungsfehler. Ditherverfahren mit Fehler-Diffusion benutzen keine Halbtonzellen. Sie durchlaufen das Bild vielmehr zeilenweise und ersetzen dabei jedes Pixel aufgrund eines Schwellwertes durch ein Pixel mit 0% oder 100% Sättigung. Sie berechnen jedoch für jedes Pixel den Quantisierungsfehler und verteilen ihn auf die noch nicht bearbeiteten Nachbarpixel mit umgekehrtem Vorzeichen. Da sich dabei eine je nach Grauwert der Vorlage verschiedene Streuung der Pixel ergibt, spricht man bei diesen Verfahren auch von *frequenzmoduliertem Dithering*. Sie sind besonders geeignet zum Drucken von Graustufenbildern. Abbildung 9.11 zeigt die Fehler-Diffusion nach der Methode von Floyd-Steinberg und das Ergebnis bei der Ditherung eines Graukeils.

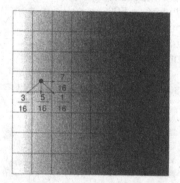
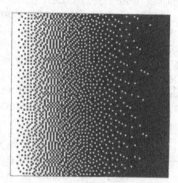

Abb. 9.11　Frequenzmoduliertes Dithering nach Floyd-Steinberg

Auflösung geditherter Bilder

Die Bildung von Halbtonzellen zur Simulation von Sättigungswerten muß mit einem Verzicht auf maximale Ortsauflösung bezahlt werden. Dies ist eine wesentliche Ursache für die geringere Bildqualität im Vergleich zu echten Halbtondruckern. Man unterscheidet zwischen der Geräteauflösung des Druckers und seiner Linienauflösung:

– Die *Geräteauflösung* gibt die maximale Auflösung an, die der Drucker aufgrund seines Pixelabstands erreichen kann. Sie wird in dpi (dots per inch) gemessen.

– Die *Linienauflösung* oder *Rasterfrequenz* gibt an, welche Auflösung aufgrund der Größe der Halbtonzellen erreicht werden kann. Sie wird in lpi (lines per inch) gemessen.

Der Zusammenhang zwischen Pixelauflösung und Linienauflösung ist gegeben durch die Beziehung:

$$\text{Linienauflösung} = \frac{\text{Geräteauflösung}}{\text{Kantenlänge der Halbtonzelle}}$$

In Abbildung 9.12 ist der Zusammenhang dargestellt für den Fall eines Laserdruckers mit einer Geräteauflösung von 600 dpi, der 256 Graustufen mit einer Halbtonzelle von der Kantenlänge 16 simuliert.

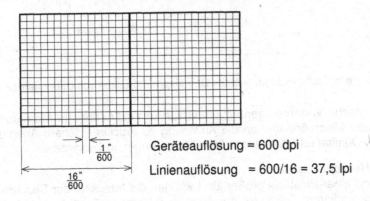

Geräteauflösung = 600 dpi

Linienauflösung = 600/16 = 37,5 lpi

Abb. 9.12   Zusammenhang zwischen Geräte- und Linienauflösung

Drucken von Farbtönen

Farbtöne werden beim Druck durch subtraktive Mischung der Primärfarben Cyan, Magenta, Gelb und Schwarz erzeugt. Da Anwendungssysteme normalerweise im RGB-Raum mit additiver Farbmischung arbeiten, ist zunächst eine Transformation vom RGB-Raum in den CMYK-Raum erforderlich.

Die subtraktive Mischung der Primärfarben erfordert eigentlich eine exakte Überlagerung beim Druck. Für das Auge ergibt sich jedoch der gleiche Eindruck, wenn die Farbpunkte sehr klein und dicht benachbart sind. Eine konstante Wirkung ist aber nur erreichbar, wenn die Überlagerung stets in gleicher Weise erfolgt.

Die einfachste Methode zur Mischung von Primärfarben besteht nun darin, für jede Primärfarbe eine Dithermatrix nach der Methode des *dispersed Dithering* zu erzeugen und dann diese Matrizen übereinanderzudrucken, wie die folgende Abbildung 9.13 zeigt:

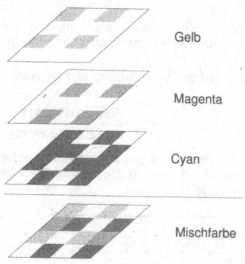

Abb 9.13   Farbmischung durch direktes Übereinanderdrucken von Dithermatrizen

Dieses einfache Verfahren genügt, um Graphiken mit geringen Anforderungen an die Zahl der Mischtöne und an die Auflösung zu drucken. Höhere Ansprüche an die Druck-Qualität erfordern zusätzliche Maßnahmen, insbesondere:

bessere Halbtonverfahren
Drucker mit einer Pixeltiefe größer als 1 können die Intensität der Bildpunkte oder ihre Größe variieren. Die Pixel der einzelnen Farbauszüge können dann exakt übereinander positioniert werden, so daß kontinuierliche Farbverläufe entstehen. Drucker mit einer Pixeltiefe von 1 approximieren diese Methode durch *clustered Dithering* zur Erzeugung der Halbtöne.

Winkelversatz der Farbauszüge
Mechanische Ungenauigkeiten beim Druck und andere Ursachen führen zu Störeffekten bei gedither ten Bildern. Diese kann man vermeiden, wenn die Farbauszüge gegeneinander gedreht und eventuell versetzt werden. Damit erzielt man

kontrollierbare Moiré-Muster, die eine gleichmäßigere Wirkung farbiger Flächen bewirken. Abbildung 9.14 zeigt ein solches Muster. Die Punkte entsprechen den Pixeln der Farbauszüge.

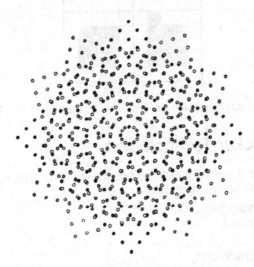

Abb. 9.14:   Pixelrosetten durch unterschiedliche Rasterwinkel der Farbauszüge

Superzellen
Durch Zusammenfassen mehrerer Halbtonzellen zu Superzellen kann man die Farbauflösung steigern, ohne die Linienauflösung zu verändern. Abbildung 9.15 zeigt eine Superzelle, die aus vier 5x5-Halbtonzellen gebildet ist. Jede Halbtonzelle kann 26 unterschiedliche Halbtöne darstellen; ein Farbausdruck, der für jede Primärfarbe diese Zellen verwendet, könnte somit 26^3 = 17.576 verschiedene Farben enthalten.

Approximieren wir die Fabtöne jedoch durch die Superzelle, so kann diese sogar 4*26=104 Halbtöne darstellen, und ein Farbdruck kann 104^3 = 1,125 Millionen verschiedene Farben enthalten. Die Linienauflösung entspricht aber weiterhin der einer 5x5-Halbtonzelle.

Eine Kombination von Halbtonzellentyp, Winkelung und Versatz der Rasterzellen bezeichnet man als Screen-Set. Standard-Screen-Sets wurden von Adobe im Rahmen der PostScript-Implemetierung Level 2 entwickelt und stehen damit auf allen PostScript-fähigen Farbdruckern zur Verfügung.

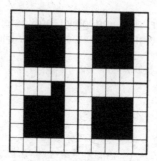

Abb. 9.15   Superzelle aus vier Halbtonzellen mit je 26 Halbtönen

9.4   Farbdrucker-Technologien

Dieser Abschnitt stellt die wichtigsten Technologien vor, die in Computer-Farbdruckern zum Einsatz kommen, nämlich

- Flüssigtintenstrahldrucker,
- Phase-Change-Drucker,
- Thermotransferdrucker,
- Thermosublimationsdrucker,
- Farblaserdrucker.

Die Techniken, mit der diese Systeme Farbe zu Papier bringen, bestimmen in erster Linie die mögliche räumliche Auflösung und die Farbauflösung der produzierten Drucke. Für ihre Beurteilung sind aber noch weitere Parameter maßgebend, insbesondere

- die verwendbaren Papierarten,
- der Farbverbrauch,
- der Durchsatz,
- der Speicherbedarf und die notwendige Rechenleistung für die Druckaufbereitung.

9.4.1   Flüssigtintenstrahldrucker

Drucker dieses Typs sind in der Regel Zeilendrucker und relativ billig. Ihre Druckqualität liegt im mittleren oder unteren Bereich. Wichtig für alle Farb-Tintenstrahldrucker ist die Verwendung von beschichtetem Spezialpapier mit definierter Saugfähigkeit, denn beim Druck auf Normalpapier werden die Farbpigmente zu stark aufgesaugt, und die Farben wirken stumpf.

Entsprechend dem Zeilendrucker-Prinzip fährt der Druckkopf zeilenweise über die zu bedruckende Papierfläche, wobei die Farbtröpfchen durch Düsen auf das Papier geschleudert werden, wie Abbildung 9.16 zeigt.

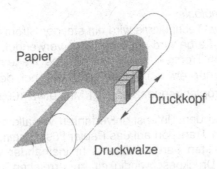

Abb. 9.16   Zeilendrucker-Prinzip bei Tintenstrahldruckern

Grundsätzlich unterscheidet man zwei Verfahrensprinzipien:

Drop-on-Demand-Technologie
Bei den Drop-on-Demand-Technologien wird exakt soviel Tinte durch die Düsen gepumpt, wie auf das Papier gelangen soll. Der Druckkopf enthält mehrere Düsen- reihen, wie Abbildung 9.17 zeigt. Beim *Bubble-Jet-Verfahren* (z.B. von Hewlett Packard verwendet) erzeugt ein Thermo-Element durch kurzfristiges Aufheizen in der Düse eine Dampfblase, die einen Tintentropfen aus der Düse preßt. Beim *Pie- zoelektrischen Verfahren* (z.B. von EPSON verwendet) erzeugt ein Piezokristall in der Düse eine Stoßwelle, die einen Tropfen erzeugt.

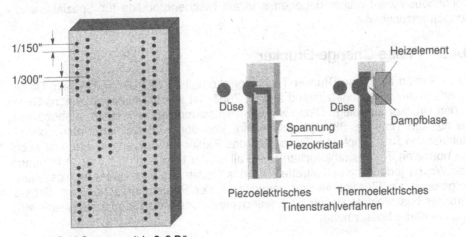

Drei Gruppen mit je 8x2 Düsen
für Cyan, Magenta, Gelb und
1 Gruppe mit 25x2 Düsen für Schwarz

Abb. 9.17   Druckkopf-Aufbau bei Drop-on-Demand-Druckern

Continuous-Flow-Technologie

Bei der Continuous-Flow-Technologie wird ein stetiger Strom kleinster Tintentröpfchen erzeugt. Für jede Farbe wird nur eine Düse verwendet, der Druckkopf wandert an einer rotierenden Trommel vorbei, auf der das Trägermaterial aufgespannt ist. Die Tropfen sind nur etwa 1/10 so groß wie bei der Drop-on-Demand-Technologie, und die Tropfenfrequenz ist mit 1 Mhz etwa 100 mal höher als dort.

Probleme verursacht bei den Tintenstrahlverfahren vor allem die Tinte selbst: Einerseits muß sie für den Transport auf das Papier flüssig sein, andererseits dürfen die übereinandergedruckten Farbauszüge nicht ineinander verlaufen. Um trotzdem eine akzeptable Druckgeschwindigkeit zu erreichen, wird die Trocknung durch Heizelemente beschleunigt. Dabei kann wiederum das Papier wellig werden.

Zusammenfassend lassen sich Drop-on-Demand-Tintenstrahldrucker durch die folgenden Merkmale charakterisieren:

– einfache und ausgereifte Zeilendruckertechnologie, daher relativ billig,
– für geringe bis mittlere Anforderungen an die Qualität der Farbdrucke,
– für Farbabstufungen ist Dithertechnik notwendig,
– geringer bis mittlerer Durchsatz (einige Minuten pro Seite),
– nur einseitiges Bedrucken möglich,
– Ausdrucke müssen trocknen und sind meist nicht wischfest,
– bei hoher Farbdeckung fallen die Kosten der Farbträger ins Gewicht.

Continuous-Flow-Drucker dagegen sind als Nischenprodukte für Spezialanwendungen anzusehen.

9.4.2 Phase-Change-Drucker

Ihren Namen hat diese Drucker-Technologie erhalten, weil die Farbe beim Druck mehrfach ihren Aggregatzustand ändert: Zunächst werden feste Farbwachs-Stifte in den Drucker eingelegt. Diese werden angeschmolzen, und in Vorratsbehältern als flüssige Tinte bei 90-140° aufbewahrt. Von dort wird sie durch einen piezoelektrischen Druckkopf über Düsen auf das Papier übertragen, so wie dies auch bei normalen Tintenstrahldruckern der Fall ist. Im Unterschied zu diesen erstarrt das Wachs jedoch beim Auftreffen auf das Papier. Es wird daher weniger stark aufgesaugt als Flüssigtinte und verbleibt an der Papieroberfläche. Zum Schluß wird das beschichtete Papier noch kalt gepreßt, damit die Oberfläche glatter wird und die Farbe besser haftet.

Das Farbwachs darf nach dem Schmelzen im Druckkopf nicht erstarren, sonst muß dieser vor dem nächsten Drucken aufwendig gereinigt werden. Phase-Change-Drucker müssen daher ständig in Betrieb bleiben, mindestens in einem Stand-by-Modus. Auch von diesem Modus aus dauert das Aufheizen auf volle Betriebstemperatur ca. 10 Minuten.

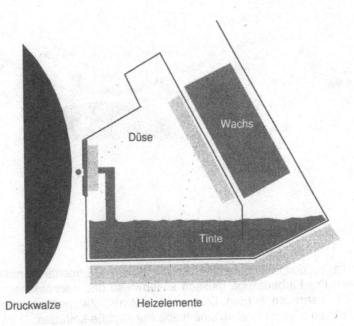

Abb. 9.18   Druckprinzip bei Phase-Change-Druckern

Als wesentliche Merkmale der Phase-Change-Drucker lassen sich festhalten:

- aufwendige Zeilendruckertechnologie, daher relativ teuer,
- hohe Druck- und Farbqualität auf Papier, geringere auf Folien wegen Streueffekten,
- für Farbabstufungen ist Dithertechnik notwendig,
- beidseitiges Bedrucken möglich,
- die Farbdrucke sind sehr widerstandsfähig,
- mittlerer Durchsatz (1-2 Seiten pro Minute).

9.4.3 Thermotransferdrucker

Bei Thermotransferdruckern wird Farbwachs durch Erhitzen auf das Papier übertragen. Eine Wachsfolie besitzt für jede Primärfarbe ein seitengroßes Segment, das zusammen mit dem Papier am Druckkopf vorbeigeführt wird. Der Druckkopf besteht aus einer Zeile von Thermoelementen, die das Wachs kurzfristig zum Schmelzen bringen, so daß es in zähflüsigem Zustand auf das Papier übertragen wird, wo es sofort wieder erstarrt. Abbildung 9.19 zeigt schematisch das Druckprinzip:

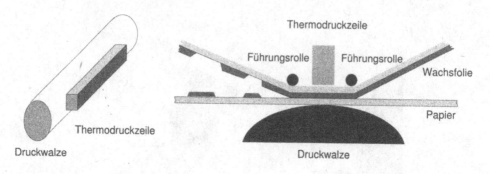

Abb. 9.19   Druckprinzip bei Thermotransferdruckern

Im Gegensatz zu den Tintenstrahldruckern arbeiten Thermotransferdrucker als Seitendrucker: Die Farbauszüge müssen seitenweise und nacheinander auf das Druckmedium übertragen werden. Dies erfordert eine hohe mechanische Präzision. Abweichungen dürfen nur etwa eine halbe Punktgröße betragen.

Das verwendete Papier muß eine möglichst glatte Oberfläche besitzen, während die Saugfähigkeit nicht so ausschlaggebend ist wie bei Tintenstrahldruckern. Thermotransferdrucker können also durchaus auf hochwertiges Normalpapier drucken, obwohl Spezialpapier notwendig ist, um maximale Druckqualität zu erreichen.

Für jede Seite werden vier Segmente der Farbträgerfolie verbraucht, unabhängig davon, wie hoch die Farbdeckung ist. Daher sind die Verbrauchskosten bei niedriger Farbdeckung höher als bei Tintenstrahldruckern.

Als die wesentlichen Merkmale der Themotransferdrucker lassen sich festhalten:

- ausgereifte und präzise Seitendruckertechnologie,
- sehr gute Druckqualität, hohe Farbsättigung und glänzende Farben,
- für Farbabstufungen ist Dithertechnik notwendig,
- mittlerer Durchsatz (1-2 Seiten pro Minute),
- Betriebkosten relativ hoch, auch bei geringer Farbdeckung,
- hohe Anschaffungskosten bei geringem Wartungsaufwand.

9.4.4   Thermosublimationsdrucker

Thermosublimationsdrucker genügen höchsten Anforderungen an die Druckqualität. Die Methode, mit der die Farbe auf das Papier übertragen wird, ist dem Thermotransferprinzip ähnlich. Es wird wie dort eine Wachsfolie als Farbträger verwendet.

Das Wachs wird von Thermoelementen bis auf 400° erhitzt und verdampft dabei direkt vom festen Aggregatzustand aus (Sublimation). Es verbindet sich dabei mit der beschichteten Oberfläche des Spezialpapiers. Im Gegensatz zum Thermotransferduck ist die Farbmenge für jedes Pixel steuerbar, so daß zum Drucken verschiedener Farbtöne keine Dithertechnik benötigt wird. Es können daher Halbtöne mit fließenden Farbabstufungen erzeugt werden.

Als Merkmale der Thermosublimationsdrucker sind festzuhalten:

– technisch ausgereifte, hochwertige Seitendrucker,
– photorealistische Bilder, da keine Ditherung notwendig ist,
– höchste Qualität der Drucke, auch auf Folien,
– hohe Verbrauchskosten (je Seite 5,- bis 6,- DM),
– niedriger Durchsatz (2-3 Minuten pro Seite),
– beschichtetes Spezialpapier notwendig.

9.4.5 Farblaserdrucker

Die Farblaserdrucker gehören zu den aufwendigsten Farbdruckern überhaupt. Das Druckprinzip ist dasselbe wie bei monochromen Laserdruckern. Es muß jedoch für jede der vier Primärfarben eine eigene Druckstation durchlaufen werden. Dadurch ergeben sich schwierige technische Probleme:
– Die Farbauszüge müssen deckungsgleich übereinander gedruckt werden.
– Es müssen Tonerverunreinigungen vermieden werden.

Zur Erzeugung von Halbtönen werden einerseits Dithertechniken angewandt, die jedoch mit einem sehr feinen Punktraster arbeiten; einige Geräte sind aber auch in der Lage, den Farbauftrag für jedes Pixel zu steuern, so daß damit kontinuierliche Halbtonverläufe gedruckt werden können.

Als Merkmale der Farblaserdrucker lassen sich festhalten:

– komplizierte, teuere Technik,
– hohe Rechenleistung erforderlich für die Druckaufbereitung,
– hohe Anschaffungskosten, hohe Wartungskosten,
– relativ hoher Durchsatz (ca. 5 Seiten pro Minute),
– Drucken auf Normalpapier möglich,
– je nach Gerätetyp Ditherung oder kontinuierliche Halbtonverläufe,
– Drucken auf Normalpapier ist möglich,
– niedriger Seitenpreis (unter 1,- DM).

Anhang A
Theorie der Fourier-Transformation

Wie für viele andere Anwendungsfelder sind Fourier-Transformationen auch für die Bildverarbeitung ein wichtiges mathematisches Instrument. Aus diesem Grund sind bildverarbeitende Systeme oft mit Spezialprozessoren dafür ausgestattet. Einige Beispiele verdeutlichen die vielfältigen Anwendungsmöglichkeiten der Fourier-Transformationen in der Bildverarbeitung:

– Das Shannon' sche Abtast-Theorem liefert Aussagen darüber, mit welcher Auflösung Bilder digitalisiert werden müssen, um Störeffekte (Aliasing) zu vermeiden.

– Filter beseitigen Bildfehler, z.B. periodische Störungen. Mit Hilfe der Fourier-Transformation kann man die Charakteristik solcher Störsignale leichter erkennen und den Filteroperator darauf abstimmen.

– Rekonstruktionsverfahren zur Berechnung von Schnittbildern aus Projektionen, wie sie in der Tomographie eingesetzt werden, basieren auf Eigenschaften der Fourier-Transformation.

Wir stellen in diesem Kapitel die wesentlichen Aussagen über Fourier-Transformationen zusammen als Basis für spätere Anwendungen. Dabei beginnen wir mit der Transformation kontinuierlicher Funktionen und gehen dann über zur Fourier-Transformation im diskreten Fall. Den Abschluß bildet eine Besprechung des Verfahrens der Schnellen Fourier-Transformation, mit der eine effiziente numerische Berechnung von Transformationen möglich ist.

A .1   Eindimensionale Fourier-Transformationen

Ein Ansatz zur Lösung eines mathematischen Problems basiert darauf, es zunächst einer Transformation zu unterwerfen und dann das transformierte Problem zu bearbeiten. Falls das Ergebnis zurücktransformiert werden kann, hat man damit die ursprüngliche Aufgabenstellung gelöst.

So ist es zum Beispiel möglich, statt zwei Zahlen konventionell miteinander zu multiplizieren, sie zunächst zu logarithmieren und ihre Logarithmen zu addieren. Um das Produkt zu erhalten, müssen wir die Summe anschließend zurücktransformieren. Das folgende Diagramm zeigt dies:

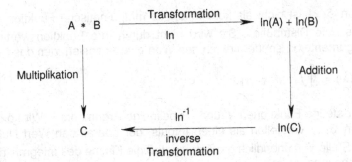

Die Fourier-Transformation

Auch die Fourier-Transformation folgt diesem allgemeinen Prinzip. Wir betrachten dazu eine reelle Funktion $h(x)$. Aus historischen Gründen stellt man sich h oft als eine Funktion des Ortes oder der Zeit vor und bezeichnet sie als Signal. Der Definitionsbereich von h heißt *Ortsraum*.

Die Fourier-Transformation **FT** bildet die Funktion h ab nach der Vorschrift:

$$\textbf{FT:} \quad h(x) \rightarrow H(f) = \int_{t=-\infty}^{+\infty} h(t)\, e^{-2\pi i f t}\, dt \,. \tag{4.1}$$

Dabei wird h in periodische Komponenten zerlegt. Wir bezeichnen daher den Definitionsbereich von $H(f)$ als Ortsfrequenzraum. Die Fourier-Transformation ist also eine Transformation auf Funktionsräumen. Ihre praktische Bedeutung beruht vor allem darauf, daß wichtige Eigenschaften an der transformierten Funktionen $H(f)$ deutlicher erkennbar sind als bei der Ausgangsfunktion $h(x)$ im Ortsraum.

Das definierende Integral der **FT** existiert unter sehr allgemeingültigen Bedingungen und ist dann auch umkehrbar. Die inverse Fourier-Transformierte **IFT** besitzt die Abbildungsvorschrift:

$$\textbf{IFT:} \quad H(f) \rightarrow h(x) = \int_{f=-\infty}^{+\infty} H(f)\, e^{2\pi i f x}\, df \,. \tag{4.2}$$

Die Fourier-Transformierte der reellen Funktion $h(x)$ ist also eine komplexwertige Funktion $H(f)$. Als das *Fourier-Spektrum* von H bezeichnet man den Betrag $|H(f)|$. Die beiden durch **FT** und **IFT** aufeinander abgebildeten Funktionen h und H bilden ein Transformationspaar, das mit der Notation $h \circ\!\!-\!\!\bullet H$ dargestellt wird.

Die Dirac' sche Delta- Funktion

Mit Hilfe der δ-Funktion lassen sich bei der Fourier-Analyse viele Aussagen sehr einfach begründen. Wir fassen daher ihre für uns wichtigen Eigenschaften hier ohne Beweis zusammen:

Die Funktion $\delta(x)$ ist nicht als konventionelle mathematische Funktion definiert, sondern als eine Distribution. Sie wird nicht durch ihre Funktionswerte für bestimmte Argumente x, sondern durch den Wert charakterisiert, den das Integral

$$f(x) = \int_{t=-\infty}^{\infty} f(t)\delta(x-t)dt \qquad [4.3]$$

annimmt für stetige Funktionen f und für beliebige Argumente x. Wir können uns die Funktion $\delta(x)$ vorstellen als einen Impuls, der überall den Wert Null besitzt und an der Stelle $x=0$ unendlich groß ist, so daß die Fläche des Integrals den Wert $f(0)$ hat. Insbesondere ist

$$\int_{t=-\infty}^{\infty} \delta(x-t)dt = 1 . \qquad [4.4]$$

Die Deltafunktion besitzt Integraldarstellungen von der Form:

$$\delta(t) = \int_{f=-\infty}^{\infty} e^{2\pi i f t} df = \int_{f=-\infty}^{\infty} \cos(2\pi f t)dt . \qquad [4.5]$$

Damit läßt sich einfach begründen, daß die Transformationen **FT** und **IFT** tatsächlich zueinander invers sind. Wir setzen dazu nach den Definitionen [4.1] und [4.2] ein:

$$\mathbf{IFT}(\mathbf{FT}(h(x))) = \int_{f=-\infty}^{+\infty} \mathbf{FT}(h(x)) e^{2\pi i f x} df$$

$$= \int_{f=-\infty}^{\infty} \left(\int_{t=-\infty}^{\infty} h(t) e^{-2\pi i f t} dt \right) e^{2\pi i f x} df .$$

Durch Vertauschen der Integrationen erhält man daraus:

$$\mathbf{IFT}(\mathbf{FT}(h(x))) = \int_{t=-\infty}^{+\infty} h(t) \int_{f=-\infty}^{\infty} e^{-2\pi i f t} e^{2\pi i f x} df\, dt$$

$$= \int_{t=-\infty}^{+\infty} h(t) \int_{f=-\infty}^{\infty} e^{2\pi i f (x-t)} df\, dt$$

$$= \int_{t=-\infty}^{+\infty} h(t)\delta(x-t)\, dt$$

$$= h(x) .$$

Dabei wurden zuletzt die Definition [4.5] der Deltafunktion und ihre Eigenschaft [4.3] verwendet. Im folgenden betrachten wir die Fourier-Transformierten einiger einfacher Funktionen.

Die Fourier-Transformierte einer Konstanten

Wir gehen aus von der konstanten Funktion $h(x)=c$. Aus $h(x)$ erhalten wir durch Fourier-Transformation eine Delta-Funktion

$$H(f) = \int_{t=-\infty}^{\infty} c\,e^{-2\pi i f t}\,dt = c * \int_{t=-\infty}^{\infty}\left[\cos(2\pi f t) - i * \sin(2\pi f t)\right]dt$$

$$= c * \int_{t=-\infty}^{\infty} \cos(2\pi f t)\,dt$$

$$= c * \delta(f).$$

Dabei wurde die Beziehung $e^{-i\alpha} = \cos(\alpha) - i\sin(\alpha)$ verwendet sowie die Beziehung [4.5].

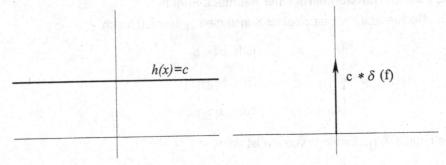

Abb. 4.1 Die Fourier-Transformierte einer konstanten Funktion

Die Fourier-Transformierte der Delta-Funktion

Um die Fourier-Transformierte einer Deltafunktion $c*\delta(t)$ zu bestimmen, wenden wir ihre Definition [4.l] an:

FT: $c*\delta(t) \rightarrow c* \int_{t=-\infty}^{+\infty} \delta(t)\,e^{-2\pi i f t}\,dt.$

Benutzen wir nun die Eigenschaft [4.3] der Deltafunktion, so ergibt sich daraus

FT$(c*\delta(t)) = c*e^{0} = c.$

Die Fourier-Transformierte einer Deltafunktion ist also eine Konstante.

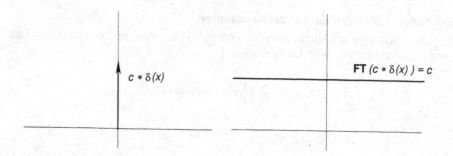

$$c * \delta(x) \qquad\qquad \mathbf{FT}\,(c * \delta(x)) = c$$

Abb. 4.2　Die Delta-Funktion und ihre Fourier-Transformierte

Die Fourier-Transformierte einer Rechteck-Funktion

Eine Rechteckfunktion ist zu einer Konstanten t_0 definiert durch

$$r(x) = \begin{cases} c, & \text{falls } |x| < t_0, \\ \dfrac{c}{2}, & \text{falls } |x| = t_0, \\ 0, & \text{falls } |x| > t_0. \end{cases}$$

Die Fourier-Transformierte von $r(x)$ ist damit

$$R(f) = \int_{t=-t_0}^{t_0} r(t)\, e^{-2\pi i f t}\, dt = c* \int_{t=-t_0}^{t_0} e^{-2\pi i f t}\, dt .$$

Mit der Beziehung $e^{-i\alpha} = \cos(\alpha) - i\sin(\alpha)$ erhalten wir:

$$R(f) = c* \int_{t=-t_0}^{t_0} \cos(2\pi f t)\, dt - i c* \int_{t=-t_0}^{t_0} \sin(2\pi f t)\, dt .$$

Dabei hat das rechte Integral den Wert 0, weil die Funktion $\sin(\alpha)$ ungerade ist, und es ergibt sich:

$$R(f) = \frac{c}{2\pi f} \Big[\sin\left(2\pi f t\right) \Big]_{-t_0}^{+t_0}$$

$$= 2c\,t_0 * \frac{\sin\left(2\pi f\, t_0\right)}{2\pi f\, t_0} .$$

Abbildung 4.3 zeigt eine graphische Darstellung des Funktionenpaars $r(x) \circ\!\!-\!\!\bullet R(f)$.

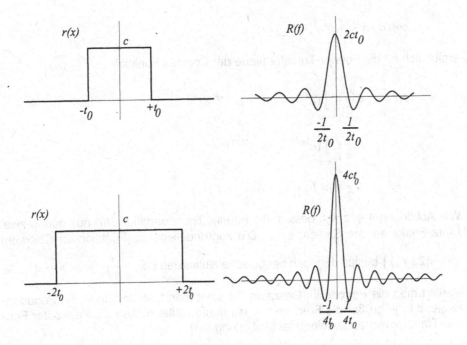

Abb. 4.3   Rechteckfunktionen und ihre Fourier-Transformierte

Die Fourier-Transformierte $R(f)$ ist also eine gedämpfte Sinusschwingung mit Nullstellen bei

$$f = \pm \frac{1}{2t_0}, \quad \pm \frac{2}{2t_0}, \quad \pm \frac{3}{2t_0}, \quad \ldots$$

Die Höhe der zentralen Amplitude hat den Wert $2ct_0$. Wenn wir die Breite t_0 der
Rechteckfunktion wachsen lassen, rücken die Nullstellen der Fourier-Transformierten immer näher zusammen, und die Höhe des zentralen Sinusbogens
wächst. Im Grenzfall $t_0 \to \infty$ erhalten wir als Fourier-Transformierte einer konstanten Funktion eine δ-Funktion: $r(x)=c \circ\!\!-\!\!\bullet \delta(f)$.

Die Fourier-Transformierte einer Cosinus-Funktion

Wir untersuchen nun den Zusammenhang zwischen einfachen periodischen
Funktionen und ihren Fourier-Transformierten. Dazu betrachten wir

$$h(x) = c * \cos\left(2\pi f_0 x\right)$$

mit einer Periodendauer $1/f_0$, also der Frequenz f_0 . Mit der Beziehung

$$cos(\alpha) = \frac{1}{2}\left(e^{i\alpha} + e^{-i\alpha}\right)$$

ergibt sich für die Fourier-Transformierte der Cosinus-Funktion

$$
\begin{aligned}
H(f) \;&= \frac{c}{2} * \int\limits_{t=-\infty}^{\infty} \left(e^{2\pi i f_0 t} + e^{-2\pi i f_0 t}\right) e^{-2\pi i f t}\, dt \\
&= \frac{c}{2} * \int\limits_{t=-\infty}^{\infty} \left(e^{2\pi i (f_0-f)t} + e^{-2\pi i (f_0+f)t}\right) dt \\
&= \frac{c}{2} * \left(\delta(f_0 - f) + \delta(f_0 + f)\right).
\end{aligned}
$$

Wie Abbildung 4.4 zeigt, besteht die Fourier-Transformation $H(f)$ aus genau zwei Delta-Peaks an den Stellen $\pm f_0$. Die zugrundeliegende Funktion im Ortsraum

$c*cos\left(2\pi f_0 x\right)$ besitzt dagegen periodische Nullstellen bei $\pm \dfrac{n}{4f_0}$ für $n=1,2,\dots$.

Variiert man die Periode im Ortsraum, so stellt man fest: Je kürzer die Perioden-länge, d.h. je größer die Frequenz f_0 ist, desto weiter rücken die Peaks der Fourier-Transformierten auseinander (Abbildung 4.4).

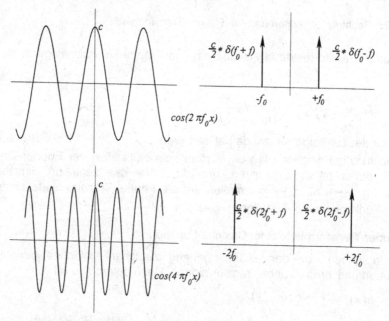

Abb. 4.4   Cosinus-Funktionen und ihre Fourier-Transformierten

Die Fourier-Transformation einer Abtast-Funktion

Eine Funktion, die sich aus einer äquidistanten Folge von δ-Funktionen zusammensetzt, bezeichnen wir als Deltakamm. Ist $h(t)$ eine stetige Funktion, dann symbolisiert

$$\sum_{n=-\infty}^{\infty} h(t)\delta(t - nt_0)$$

die Funktion, die wir durch Abtasten von $h(t)$ an den Stellen nt_0 erhalten für Werte des Index $n = ..., -2, -1, 0, 1, 2, ...$ Die Fourier-Transformierte eines Deltakamms mit der Periode t_0 ist wieder ein Deltakamm, jedoch mit der Periode $1/t_0$, wie Abbildung 4.5 zeigt:

$$\sum_{n=-\infty}^{\infty} \delta(t - nt_0) \quad\circ\!\!-\!\!\bullet\quad \sum_{n=-\infty}^{\infty} \delta(t - \frac{n}{t_0}).$$

Diese wichtige Beziehung zwischen Deltakämmen und ihren Fourier-Transformierten werden wir später beim Übergang von der kontinuierlichen zur diskreten Fourier-Transformation verwenden.

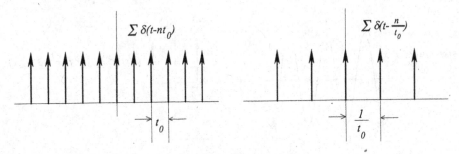

Abb. 4.5   Ein Delta-Kamm und seine Fourier-Transformierte

A .2   Eigenschaften der Fourier-Transformation

Wir betrachten nun charakteristische Eigenschaften der Fourier-Transformation. Dabei ist neben der mathematischen Begründung die anschauliche Interpretation dieser Eigenschaften für das Verständnis besonders wichtig.

A .2.1   Linearität

Unmittelbar aus den Eigenschaften des Integrals ergibt sich die Linearität der Fourier-Transformation: Sind $g(x)$, $h(x)$ zwei Funktionen mit den Fourier-Transformierten $G(f)$ und $H(f)$ sowie a und b skalare Größen, so gilt

$$a\,g(x) + b\,h(x) \quad\circ\!\!-\!\!\bullet\quad aG(f) + bH(f).$$

Nach [4.1] erhalten wir nämlich

$$\mathbf{FT}\big(a\ g(x)+b\ h(x)\big) = a \int_{t=-\infty}^{\infty} g(t)\, e^{-2\pi i f t}\, dt + b \int_{t=-\infty}^{\infty} h(t)\, e^{-2\pi i f t}\, dt$$
$$= aG(f)+bH(f)\,.$$

Die Linearitätseigenschaften der Fourier-Transformation machen sie besonders geeignet zur Anwendung bei linearen Operationen mit Bildern, z.B. Skalierungen oder Filtern.

Beispiel

Wir betrachten die Funktionen $g(x)=a*\cos(2\pi f_0 x)$ und $h(x)=c$. Die Fourier-Transformierte der Summe beider Funktionen ergibt sich wegen der Linearität als Summe der beiden Fourier-Transformierten von $g(x)$ und $h(x)$, wie dies die Abbildung 4.6 zeigt:

$$\mathbf{FT}\big(c + a*\cos(2\pi f_0 x)\big) = \mathbf{FT}(c) + \mathbf{FT}\big(a*\cos(2\pi f_0 x)\big)\,.$$

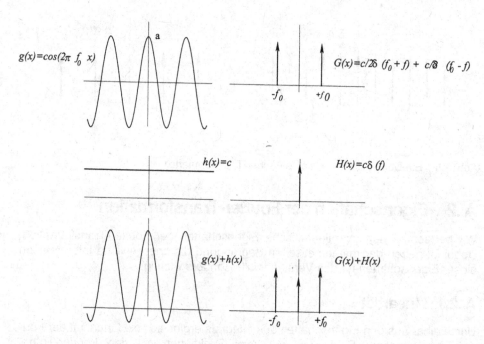

Abb. 4.6   Linearität der Fourier-Transformation

A.2.2 Verschiebung im Ortsraum

Einer Verschiebung der Funktion $h(x)$ um eine Distanz t_0 im Ortsraum entspricht eine Multiplikation ihrer Fourier-Transformierten $H(f)$ mit dem Faktor $e^{-2\pi i f\, t_0}$, also

$$h(x - t_0) \;\circ\!\!-\!\!\bullet\; H(f) * e^{-2\pi i f\, t_0}.$$

Dies ergibt sich aus der Substitutionsregel der Integration. In der Beziehung

$$\mathbf{FT}\big(h(x - t_0)\big) = \int\limits_{t=-\infty}^{\infty} h(t - t_0)\, e^{-2\pi i f t}\, dt\,.$$

substituieren wir $t\text{-}t_0$ durch τ und erhalten

$$\mathbf{FT}\big(h(x - t_0)\big) = \int\limits_{\tau=-\infty}^{\infty} h(\tau)\, e^{-2\pi i f(\tau + t_0)}\, d\tau = e^{-2\pi i f t_0} \int\limits_{\tau=-\infty}^{\infty} h(\tau)\, e^{-2\pi i f \tau}\, d\tau$$

$$= e^{-2\pi i f t_0} * \mathbf{FT}(h(x))\,.$$

Eine Verschiebung im Ortsraum um t_0 bewirkt also eine Phasenverschiebung der Fourier-Transformierten durch Multiplikation mit der komplexen Konstanten $e^{-2\pi i f t_0}$ vom Betrag 1. Dadurch wird der Betrag der Fourier-Transformierten nicht verändert.

A.2.3 Ähnlichkeit

Ist $h(x)$ eine Funktion mit der Fourier-Transformierten $H(f)$ und a eine skalare Größe, so gilt

$$h(ax) \;\circ\!\!-\!\!\bullet\; \frac{1}{a} H\!\left(\frac{f}{a}\right).$$

Dies bedeutet, daß einer Skalierung der Funktion $h(x)$ im Ortsraum mit dem Faktor a eine Skalierung ihrer Fourier-Transformierten $H(f)$ mit dem Faktor $\frac{1}{a}$ entspricht. Zur Begründung gehen wir von der Beziehung aus

$$\mathbf{FT}(h(ax)) = \int\limits_{t=-\infty}^{\infty} h(at)\, e^{-2\pi i f t}\, dt\,.$$

Darin nehmen wir die Substitutionen $t = \frac{1}{a}\tau$ und $dt = \frac{1}{a} d\tau$ vor und erhalten

$$\mathbf{FT}\big(h(ax)\big) = \frac{1}{a} \int_{\tau=-\infty}^{\infty} h(\tau) e^{-2\pi i f \tau/a} \, d\tau$$

$$= \frac{1}{a} \int_{t=-\infty}^{\infty} h(t) e^{-2\pi i f/a \cdot t} \, dt = \frac{1}{a} H\!\left(\frac{f}{a}\right).$$

Eine Anwendung dieses Zusammenhangs zeigt Abbildung 4.3: Wird die Breite der Rechteckfunktion $r(x)$ verdoppelt, so entspricht dies einer Skalierung von $r(x)$ mit dem Faktor $\frac{1}{2}$. Dazu ergeben sich eine Skalierung der Fourier-Transformierten mit dem Faktor 2 sowie ihre Multiplikation mit demselben Faktor:

$$r\!\left(\frac{x}{2}\right) \circ\!\!-\!\!\bullet \; 2R(2x) \, .$$

A.2.4 Der Faltungssatz

Eine Faltung zweier Funktionen $g(x)$ und $h(x)$ ist definiert als das Integral

$$g(x) \otimes h(x) = \int_{t=-\infty}^{\infty} g(t) h(x-t) \, dt \, .$$

Anschaulich läßt sich eine Faltung verstehen, wenn wir sie für zwei gegebene Funktionen $g(t)$ und $h(t)$ in Einzelschritte zerlegen. $g(t)$ und $h(t)$ sollen folgende Gestalt haben:

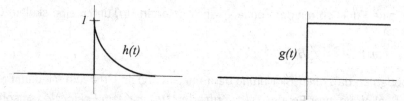

In einem ersten Schritt gehen wir von der Funktion $h(t)$ über zu $h(-t)$. Dies entspricht anschaulich einer Spiegelung ("Faltung") an der y-Achse. Die resultierende Funktion ist:

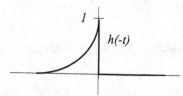

Nun verschieben wir $h(-t)$ um den Wert x nach rechts und erhalten so die Funktion $h(x-t)$:

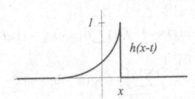

Im nächsten Schritt bilden wir das Produkt $g(t)h(x-t)$ für festes x an allen Positionen t. Dabei bleiben nur an den Punkten t von Null verschiedene Werte, an denen beide Funktionen von Null verschieden sind.

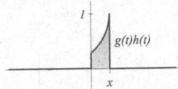

Die Integration über t liefert schließlich die Fläche unter der Funktion $g(t)h(x-t)$. Betrachten wir die Größe dieser Fläche als eine Funktion der Verschiebung x, dann erhalten wir damit das Faltungsprodukt $g(x) \otimes h(x)$ mit der folgenden Gestalt:

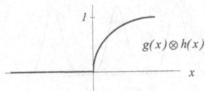

Der Funktionswert von $g(x) \otimes h(x)$ an einem Punkt x stellt die dafür berechnete Fläche dar.

Beispiel

Die Beziehung [4.3] können wir nun in folgender Form schreiben

$$f(x) \otimes \delta(x) = \int_{t=-\infty}^{\infty} f(t)\delta(x-t)dt = f(x).$$

d.h., das Faltungsprodukt einer Funktion f mit der Deltafunktion liefert wieder die Funktion f selbst.

Wenn wir eine Funktion f mit einem Deltakamm falten, dann erhalten wir eine periodische Wiederholung der Funktion. Die Periode entspricht dem Abstand der Delta-Peaks im Kamm:

$$f(x) \otimes \sum_n \delta(x - nt_0) = \cdot \int_{t=-\infty}^{\infty} f(t) \sum_n \delta(x - nt_0 - t)\, dt$$

$$= \sum_n \int_{t=-\infty}^{\infty} f(t) \delta(x - nt_0 - t)\, dt$$

$$= \sum_n f(x - nt_0)\,.$$

Das folgende Diagramm zeigt dies.

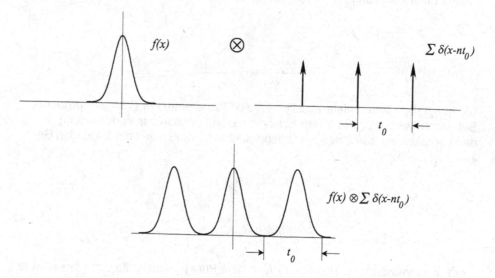

Der Faltungssatz

Der Faltungssatz stellt einen Zusammenhang her zwischen der Faltung ⊗ der beiden Funktionen g und h sowie dem Produkt ihrer Fourier-Transformierten, der auch symmetrisch für die Fourier-Transformierten und ihre Inversen gilt:

$$g(x) \otimes h(x) \quad \circ\!\!-\!\!\bullet \quad G(f) * H(f)$$
$$g(x) * h(x) \quad \circ\!\!-\!\!\bullet \quad G(f) \otimes H(f)$$

Diesen Zusammenhang verdeutlicht auch das folgende Diagramm. Das Ergebnis $g(x) \otimes h(x)$ läßt sich dort auf zwei Wegen erreichen: entweder über eine direkte Faltung oder aus dem Produkt der Fourier-Transformierten $G(f) * H(f)$ mit einer anschließenden inverse Fourier-Transformation.

$$g(x) \quad \underset{\mathbf{IDFT}}{\overset{\mathbf{DFT}}{\rightleftarrows}} \quad G(f)$$

Faltung mit $h(x)$ $\otimes$ $*$ Multiplikation mit $H(f)$

$$g(x) \otimes h(x) \quad \underset{\mathbf{IDFT}}{\overset{\mathbf{DFT}}{\rightleftarrows}} \quad G(f) * H(f)$$

Eine Anwendung findet der Faltungssatz zum Beispiel bei Filter-Operatoren. Er erlaubt es, die Filterung von Bildern im Ortsraum durch Faltung mit einem Maskenoperator und äquivalent dazu im Ortsfrequenzraum durch Multiplikation mit einer Transfer-Funktion durchzuführen. Er läßt sich wie folgt begründen:

$$FT\big(g(x) \otimes h(x)\big) = \int\limits_{t=-\infty}^{\infty} g(t) \otimes h(t) \, e^{-2\pi i f t} \, dt$$

$$= \int\limits_{t=-\infty}^{\infty} \left(\int\limits_{\tau=-\infty}^{\infty} g(\tau) h(t-\tau) d\tau \right) e^{-2\pi i f t} \, dt \ .$$

Wir können dabei die Integrationen vertauschen und erhalten

$$FT\big(g(x) \otimes h(x)\big) = \int\limits_{\tau=-\infty}^{\infty} g(\tau) \left(\int\limits_{t=-\infty}^{\infty} h(t-\tau) e^{-2\pi i f t} \, dt \right) d\tau \ .$$

Darin substituieren wir $t-\tau$ durch σ und erhalten

$$FT\big(g(x) \otimes h(x)\big) = \int\limits_{\tau=-\infty}^{\infty} g(\tau) \left(\int\limits_{t=-\infty}^{\infty} h(\sigma) e^{-2\pi i f \sigma} \, d\sigma \right) e^{-2\pi i f \tau} \, d\tau$$

$$= H(f) \int\limits_{\tau=-\infty}^{\infty} g(\tau) e^{-2\pi i f \tau} \, d\tau$$

$$= H(f) * G(f) \ .$$

A.3   Die diskrete Fourier-Transformation und ihre Inverse

Für die numerische Berechnung von Fourier-Transformierten muß man von kontinuierlichen Funktionen übergehen zu Funktionen, die auf einem diskreten Bereich definiert sind. Im folgenden leiten wir die diskrete Fourier-Transformation **DFT** aus der kontinuierlichen Fourier-Transformation **FT** ab über eine graphische Argumentation.

Wir gehen aus von einer kontinuierlichen Funktion $h(t)$ im Ortsraum und ihrer Fourier-Transformierten $H(f)$ im Ortsfrequenzraum.

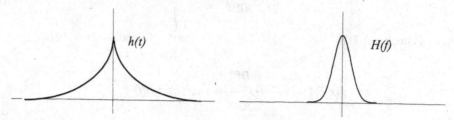

Die Funktion $h(t)$ wird nun diskretisiert. Dies entspricht bei einem Abtast-Intervall T der Multiplikation mit einem Deltakamm der Form

$$\delta_0(t) = \sum_{n=-\infty}^{\infty} \delta(t-nT).$$

Im Ortsfrequenzraum entspricht diese Multiplikation einer Faltung mit dem Deltakamm

$$\Delta_0(f) = \sum_{n=-\infty}^{\infty} \delta\left(f-\frac{n}{T}\right).$$

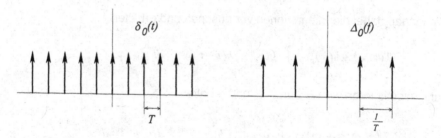

Als Ergebnis erhalten wir im Ortsraum das Produkt $h(t)*\delta_0(t)$ und im Ortsfrequenzraum die Faltung $H(f)\otimes\Delta_0(f)$. Diese ist eine periodische Wiederholung der Originalfunktion $H(f)$ im Abstand $1/T$:

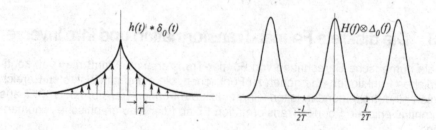

In praktischen Anwendungen ist die Abtastung der Funktion $h(t)$ auf ein endliches Intervall beschränkt. Dies entspricht der Multiplikation mit einer Rechteckfunktion $r(t)$ im Ortsraum mit der Breite T_0. Die äquivalente Operation im Ortsfrequenzraum ist eine Faltung mit der Fourier-Transformierten der Rechteckfunktion $R(f)$:

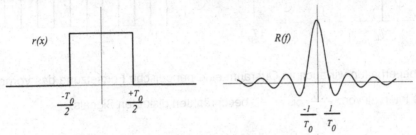

Die Wirkung dieser Operationen auf das abgetastete Signal bzw. seine Fourier-Transformierte ist unten dargestellt. Sie besteht in einer Modulation des bisher noch unverfälschten Verlaufs der Funktion $H(f)$. Diese welligen Störungen sind umso geringer, je breiter das Rechteck gewählt wird.

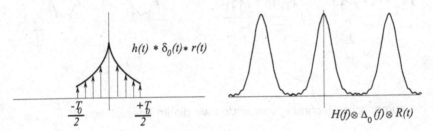

Um schließlich zu einer diskreten Funktion im Ortsfrequenzraum zu kommen, tasten wir sie mit dem Abtast-Intervall $\dfrac{1}{T_0}$ ab. Dies entspricht im Ortsfrequenzraum einer Multiplikation mit dem Deltakamm

$$\Delta_1(f) = \sum_{n=-\infty}^{\infty} \delta\left(f - \frac{n}{T_0} \right)$$

und im Ortsraum einer Faltung mit dem Deltakamm

$$\delta_1(t) = \sum_{n=-\infty}^{\infty} \delta\left(t - nT_0 \right).$$

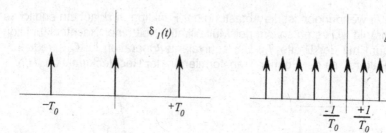

Dabei erhalten wir auch im Ortsraum eine periodische Fortsetzung des vorher auf

das Intervall von $-\frac{T_0}{2}$ bis $+\frac{T_0}{2}$ beschränkten diskreten Signals.

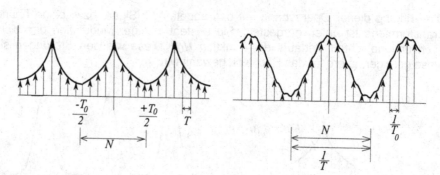

Für die numerische Rechnung verwenden wir die im Intervall von $-\frac{T_0}{2}$ bis $+\frac{T_0}{2}$

liegenden Abtast-Punkte. Ihre Anzahl ist $N = \frac{T_0}{T}$. Das entsprechende Perioden-

Intervall im Ortsfrequenzraum hat die Länge $\frac{1}{T}$. In ihm liegen ebenfalls N Abtast-

Punkte mit den Abständen $\frac{1}{T_0}$.

Die diskrete Fourier-Transformation DFT und ihre Inverse IDFT

Damit können wir die Operatoren **FT** bzw. **IFT** durch diskrete Operatoren approximieren. Es sei

$$h(n): \quad [0..N-1] \rightarrow \mathbf{R}$$

eine an N diskreten Punkten im Ortsraum definierte Funktion, welche durch
Abtastung der kontinuierlichen Funktion $h'(t)$ an den Stellen $t=nT$ entsteht. Für
die diskrete Fourier-Transformierte zu $h(n)$ kann man dann die folgende Darstellung ableiten:

DFT: $h(n) \rightarrow H(k) = \sum_{t=0}^{N-1} h(t) e^{-2\pi i \frac{kt}{N}}$.

Die diskrete Fourier-Transformierte $H(k)$ ist also eine Linearkombination von komplexen periodischen Funktionen:

$$H(k) = h(0) + h(1) e^{-2\pi i \frac{k}{N}} + h(1) e^{-2\pi i \frac{2k}{N}} + \cdots$$

Die Terme $e^{-2\pi i \frac{kt}{N}}$ sind eine Orthonormalbasis des Funktionenraumes, und daher wird $H(k)$ durch die Faktoren $h(0)$, $h(1)$, $h(2)$, ... eindeutig charakterisiert.

Die Umkehrung der diskreten Fourier-Transformation kann man analog angeben mit

IDFT: $H(k) \rightarrow h(n) = \frac{1}{N} \sum_{t=0}^{N-1} H(t) e^{2\pi i \frac{kt}{N}}$.

Es ist zu beachten, daß beide Partner des Transformationspaars $h(n) \circ\!\!-\!\!\bullet H(k)$ periodische Funktionen sind, d.h., für ganzzahlige a gilt:

$$h(k+aN) = h(k) \quad \text{und} \quad H(k+aN) = H(k) .$$

A.4   Das Shannon' sche Abtast-Theorem

Im Abschnitt 4.3 haben wir die Abtastung einer kontinuierlichen Funktion $h(t)$ mit einem Abtast-Intervall T im Ortsraum als Multiplikation mit einem Deltakamm aufgefaßt. Im Ortsfrequenzraum entspricht dies der Faltung mit einem Deltakamm, der die Periodenlänge $\frac{1}{T}$ besitzt. Das Ergebnis ist eine Wiederholung von $H(f)$

mit der Periode $\frac{1}{T}$:

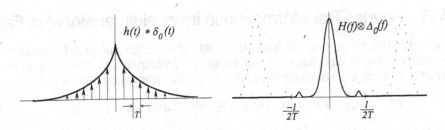

$h(t) * \delta_0(t)$ 　　　　　　 $H(f) \otimes \Delta_0(f)$

Wenn die Funktion $H(f)$ außerhalb des Intervalls von $-\frac{1}{2T}$ bis $\frac{1}{2T}$ ganz verschwindet, kann man die Originalfunktion aus den Abtast-Werten ohne Informationsverlust vollständig rekonstruieren, weil die benachbarten Fourier-Transformierten sich bei der Faltung nicht überlagern. Wählt man dagegen das Abtast-

Intervall T zu groß, so kommt es im Ortsfrequenzraum zu Überlagerungen durch die Faltungsoperation:

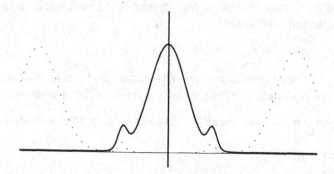

Die im kontinuierlichen Signal nicht enthaltenen periodischen Anteile sind die durch zu grobe Abtastung entstehenden Aliasing-Effekte. Das Shannon' sche Abtast-Theorem macht eine quantitative Aussage dazu:

Eine kontinuierliche Funktion $h(t)$ läßt sich aus ihren Abtast-Werten an den Stellen

$$0, \pm\frac{1}{T}, \pm\frac{2}{T}, \pm\frac{3}{T}, \cdots$$

originalgetreu rekonstruieren, wenn die größte in ihrer Fourier-Transformierten enthaltene Frequenzkomponente kleiner als die halbe Abtast-Frequenz ist:

$$f_{max} < \frac{1}{2T} \ .$$

A.5   Fourier-Transformationen im zweidimensionalen Fall

Die Aussagen der vorhergehenden Abschnitte lassen sich auf zwei Dimensionen ausdehnen. Damit sind sie auch auf Bilder anwendbar, die ja zweidimensionale Funktionen sind. Die kontinuierliche 2D-Fourier-Transformation hat die Form:

FT: $h(x,y) \rightarrow H(u,v) = \iint h(x,y)\, e^{-2\pi i(ux+vy)}\, dxdy$.

Analog ist die inverse zweidimensionale Fourier-Transformation

IFT: $H(u,v) \rightarrow h(x,y) = \iint H(u,v)\, e^{2\pi i(ux+vy)}\, dvdy$.

Die diskrete Fourier-Transformation hat die Gestalt

DFT: $h(x,y) \rightarrow H(u,v) = \sum_x \sum_y h(x,y) e^{-2\pi i \frac{(ux+vy)}{N}}$

und die inverse diskrete Fourier-Transformation

IDFT: $H(u,v) \rightarrow h(x,y) = \frac{1}{N^2} \sum_u \sum_v H(u,v) e^{2\pi i \frac{(ux+vy)}{N}}$.

Abbildung 4.7 zeigt zweidimensionale Funktionen und ihre Fourier-Transformierten.

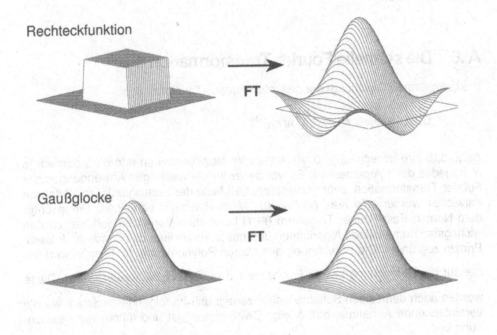

Abb. 4.7   Zweidimensionale Funktionen und ihre Fourier-Transformierten

Separierbarkeit der zweidimensionalen Fourier-Transformation

Für die praktische Berechnung der diskreten Fourier-Transformierten ist ihre Separierbarkeit eine wichtige Eigenschaft. Sie erlaubt es, die zweidimensionale Transformation in zwei aufeinanderfolgende eindimensionale Transformationen zu zerlegen. Um dies zu zeigen, formen wir die Definitionsgleichung der **DFT** um:

$$H(u,v) = \sum_x \sum_y h(x,y)\, e^{-2\pi i \frac{ux+vy}{N}}$$

$$= \sum_x \left[\sum_y h(x,y)\, e^{-2\pi i \frac{vy}{N}} \right] e^{-2\pi i \frac{ux}{N}} \, .$$

Wir können also zunächst die inneren Summen, d.h. die eindimensionalen Fourier-Transformierten der Bildzeilen, berechnen und danach die Transformation der Spalten durchführen. Dafür lernen wir nun im nächsten Abschnitt ein effizientes Verfahren kennen.

A.6 Die schnelle Fourier-Transformation

Die definierende Gleichung der diskreten Fourier-Tansformation

$$\textbf{DFT:} \quad h(n) \to H(k) = \sum_{t=0}^{N-1} h(t)\, e^{-2\pi i \frac{kt}{N}}$$

zeigt, daß ihre Berechnung $O(N^2)$ komplexe Multiplikationen erfordert, nämlich je N für jedes der N Argumente k. Es war daher für die vielfältigen Anwendungen der Fourier-Transformation sehr bedeutsam, daß Mitte der sechziger Jahre Verfahren entwickelt wurden, die nur $O(N log(N))$ Multiplikationen benötigen. Diese unter dem Namen Fast Fourier Transform (**FFT**) bekannten Verfahren gehören zu den wichtigsten numerischen Algorithmen überhaupt. Ihnen liegt das *Divide et Impera*-Prinzip zugrunde: Die Berechnung des obigen Polynoms mit N Termen wird dabei auf die Berechnung zweier Polynome mit je $\frac{n}{2}$ Termen zurückgeführt. Diese werden nach demselben Schema weiter zerlegt usf. Im folgenden machen wir die vereinfachende Annahme, daß N eine Zweierpotenz ist und führen die Bezeichnung ein:

$$W_N = e^{\frac{-2\pi i}{N}} \, .$$

Durch Quadrieren erhalten wir daraus

$$W_N^2 = e^{\frac{-2\pi i}{N/2}} = W_{N/2} \, .$$

Damit können wir die obige Summe zerlegen in

$$H(k) = \sum_{\substack{t=0 \\ t \text{ gerade}}} h(t)\, W_N^{tk} + \sum_{\substack{t=0 \\ t \text{ ungerade}}} h(t)\, W_N^{tk}$$

$$= \sum_{t=0}^{N/2-1} h(2t)\, W_N^{2tk} + \sum_{t=0}^{N/2-1} h(2t+1)\, W_N^{(2t+1)k}$$

$$= \sum_{t=0}^{N/2-1} h(2t)\, W_{N/2}^{tk} + W_N^{k} \sum_{t=0}^{N/2-1} h(2t+1)\, W_{N/2}^{tk}$$

$$= H_1(k) + W_N^{k} H_2(k)\,.$$

Dabei sind $H_1(k)$ und $H_2(k)$ die Fourier-Transformierten der auf die geraden bzw. ungeraden Argumente eingeschränkten Funktion $h(t)$:

h_1: $h(0), h(2), h(4), h(6), \ldots$

h_2: $h(1), h(3), h(5), h(7), \ldots$.

Die Beziehung $H(k) = H_1(k) + W_N^k H_2(k)$ gilt zunächst nur für Argumente $k < \dfrac{N}{2}$. Sie kann aufgrund der Periodizität der Fourier-Transformierten auch für Werte $k \geq \dfrac{N}{2}$ nachgewiesen werden, denn wegen $W_N^{k+N/2} = -W_N^k$ erhalten wir

$$H(k) = \begin{cases} H_1(k) + W_N^k H_2(k), & \text{falls} \quad 0 \leq k \leq \dfrac{N}{2} - 1, \\[2mm] H_1(k - \dfrac{N}{2}) + W_N^k H_2(k - \dfrac{N}{2}), & \text{falls} \quad \dfrac{N}{2} - 1 < k \leq N - 1. \end{cases}$$

Nun zerlegen wir analog $H_1(k)$ und $H_2(k)$ usf. Die maximale Tiefe der Zerlegungen beträgt $log_2(N)$, und auf jeder Ebene sind N komplexe Multiplikationen erforderlich. Der Gesamtaufwand ist also von der Größenordnung $O(N\, log_2(N))$.

Die allgemeinen Überlegungen, die zur numerischen Berechnung der **FFT** führen, betrachten wir hier exemplarisch für den Fall $N=4$: Zur Vereinfachung schreiben wir statt W_4^k nur W^k; die Definition der **DFT** erfordert dann die Berechnung des folgenden Produkts:

$$\begin{bmatrix} H(0) \\ H(1) \\ H(2) \\ H(3) \end{bmatrix} = \begin{bmatrix} W^0, & W^0, & W^0, & W^0 \\ W^0, & W^1, & W^2, & W^3 \\ W^0, & W^2, & W^4, & W^6 \\ W^0, & W^3, & W^6, & W^9 \end{bmatrix} \begin{bmatrix} h(0) \\ h(1) \\ h(2) \\ h(3) \end{bmatrix}$$

Im folgenden schreiben wir $h_0(t)$ statt $h(t)$ und benutzen die Identitäten

$$W^2 = -1, \quad W^4 = W^0 = +1 \quad und \quad W^3 = -W^1 .$$

Dann erhalten wir:

$$\begin{bmatrix} H(0) \\ H(1) \\ H(2) \\ H(3) \end{bmatrix} = \begin{bmatrix} 1, & 1, & 1, & 1 \\ 1, & W^1, & W^2, & W^3 \\ 1, & W^2, & W^0, & W^2 \\ 1, & W^3, & W^2, & W^1 \end{bmatrix} \begin{bmatrix} h_0(0) \\ h_0(1) \\ h_0(2) \\ h_0(3) \end{bmatrix}$$

Wir ersetzen diese Matrix durch ein (fast äquivalentes) Produkt zweier einfacherer Matrizen und erhalten:

$$\begin{bmatrix} H(0) \\ H(2) \\ H(1) \\ H(3) \end{bmatrix} = \begin{bmatrix} 1, & W^0, & 0, & 0 \\ 1, & W^2, & 0, & 0 \\ 0, & 0, & 1, & W^1 \\ 0, & 0, & 1, & W^3 \end{bmatrix} \begin{bmatrix} 1, & 0, & W^0, & 0 \\ 0, & 1, & 0, & W^0 \\ 1, & 0, & W^2, & 0 \\ 0, & 1, & 0, & W^2 \end{bmatrix} \begin{bmatrix} h_0(0) \\ h_0(1) \\ h_0(2) \\ h_0(3) \end{bmatrix}$$

Die Faktorisierung liefert beim Ausmultiplizieren fast exakt das gewünschte Resultat, nämlich bis auf die Vertauschung der zweiten und dritten Komponente des Vektors H. Der erste Berechnungsschritt liefert als Zwischenergebnis den Vektor $h_1(t)$ mit:

$$\begin{bmatrix} h_1(0) \\ h_1(1) \\ h_1(2) \\ h_1(3) \end{bmatrix} = \begin{bmatrix} 1, & 0, & W^0, & 0 \\ 0, & 1, & 0, & W^0 \\ 1, & 0, & W^2, & 0 \\ 0, & 1, & 0, & W^2 \end{bmatrix} \begin{bmatrix} h_0(0) \\ h_0(1) \\ h_0(2) \\ h_0(3) \end{bmatrix}$$

Dazu sind die folgenden Operationen durchzuführen:

$$h_1(0) = h_0(0) + h_0(2)$$
$$h_1(1) = h_0(1) + h_0(3)$$
$$h_1(2) = h_0(0) - h_0(2)$$
$$h_1(3) = h_0(1) - h_0(3)$$

Der nächste Berechnungsschritt ermittelt den Vektor H:

$$\begin{bmatrix} H(0) \\ H(2) \\ H(1) \\ H(3) \end{bmatrix} = \begin{bmatrix} 1, & W^0, & 0, & 0 \\ 1, & W^2, & 0, & 0 \\ 0, & 0, & 1, & W^1 \\ 0, & 0, & 1, & W^3 \end{bmatrix} \begin{bmatrix} h_1(0) \\ h_1(1) \\ h_1(2) \\ h_1(3) \end{bmatrix}$$

Dafür sind die folgenden Berechnungen auszuführen:

$$H(0) = h_1(0) + h_1(1)$$
$$H(2) = h_1(0) + h_1(1)$$
$$H(1) = h_1(2) + W^1 h_1(3)$$
$$H(3) = h_1(2) - W^1 h_1(3)$$

Das für diese Berechnung gültige Signalflußdiagramm zeigt das folgende Diagramm:

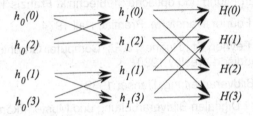

Der Effekt der Zerlegung in unabhängige Transformationen wird noch deutlicher erkennbar für den Fall $N=8$, den das folgende Diagramm darstellt.

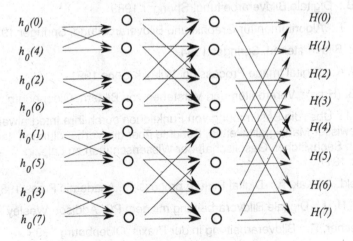

Anhang B
Literatur

[1]   Abmayr, W.: Einführung in die digitale Bildverarbeitung, Teubner 1994

[2]   Ahlers, R.-J., Warnecke, H.-J.: Industrielle Bildverarbeitung, Addison-Wesley 1991

[3]   Bässmann, H., Besslich, Ph.: Bildverarbeitung Ad Oculos, Springer 1991

[4]   Breuckmann, B.: Bildverarbeitung und optische Meßtechnik, Franzis 1993

[5]   Brigham, E.O.: The Fast Fourier Transform, Prentice Hall 1974

[6]   Foley, J.D., van Dam, A., Feyner, St., Hughes, J.F.: Computer Graphics – Principles and Practice, Addison-Wesley 1990

[7]   Haberäcker, P.: Digitale Bildverarbeitung, Hanser 1989

[8]   Haberäcker, P.: Praxis der Digitalen Bildverarbeitung und Mustererkennung, Hanser 1995

[9]   Hall, E.L.: Computer Image Processing and Recognition, Academic Press 1979

[10] Jähne, B.: Digitale Bildverarbeitung, Springer 1989

[11] Pavlidis, T.: Algorithmen für Graphik und Bildverarbeitung, Springer 1990

[12] Pinz, A.: Bildverstehen, Springer 1994

[13] Pratt, W. K.: Digital Image Processing, Wiley & Sons 1991

[14] Radig, B. (Hrsg): Verarbeiten und Verstehen von Bildern, Oldenbourg, 1993

[15] Radon, J.: Über die Bestimmung von Funktionen durch ihre Integralwerte längs gewisser Mannigfaltigkeiten, Berichte über die Verhandlungen der Königlich Sächsischen Gesellschaft der Wissenschaften zu Leipzig, Teubner 1917

[16] Rosenfeld, A., Kak, A.: Digital Picture processing, Academic Press 1982

[17] Schlicht, H.-J.: Digitale Bildverarbeitung mit dem PC, Addison-Wesley 1993

[18] Steinbrecher, R.: Bildverarbeitung in der Praxis, Oldenbourg 1993

[19]   Störch, B.: Drucken in Farbe, Addison-Wesley 1994

[20]   Teuber, J.: Digital Image Processing, Prentice Hall 1989

[21]   Voss, K., Süße, H.: Praktische Bildverarbeitung, Hanser 1991

[22]   Wahl, F.M.: Digitale Bildverarbeitung, Springer 1984

[23]   Wolberg, G.: Digital Image Warping, IEEE Computer Society Press Monograph 1988

[24]   Zamperoni, P.: Methoden der Digitalen Bildverarbeitung, Vieweg 1989

[25]   Zavodnik, R., Kopp, H.: Graphische Datenverarbeitung, Hanser 1995

Anhang C
Stichwortverzeichnis

Schicker
Datenbanken und SQL

Eine praxisorientierte Einführung

Ziel des Buches ist es, dem Leser fundierte Grundkenntnisse in Datenbanken und SQL zu vermitteln. Das Buch richtet sich an Anwendungsprogrammierer, die mit Hilfe von SQL auf Datenbanken zugreifen und an alle, die Datenbanken entwerfen oder erweitern wollen.

Die Schwerpunkte des Buches sind relationale Datenbanken, Entwurf von Datenbanken und die Programmiersprache SQL. Aber auch Themen wie Recovery, Concurrency, Sicherheit und Integrität werden hinreichend ausführlich angesprochen.

Hervorzuheben ist der Bezug zur Praxis. Eine Beispieldatenbank wird im Anhang im Detail vorgestellt. Sie wird im Buch immer wieder verwendet, um damit den nicht immer einfachen Stoff praktisch zu üben. Die zahlreichen Zusammenfassungen und die Übungsaufgaben mit Lösungen zu jedem Kapitel dienen der Vertiefung des Stoffs und erhöhen den Lernerfolg. Mittels einer zur Verfügung gestellten Software läßt sich die Beispieldatenbank installieren, so daß die Aufgaben und Beispiele direkt am Rechner nachvollzogen werden können.

Von Prof. Dr.
Edwin Schicker
Fachhochschule
Regensburg

1996. 332 Seiten.
16,2 x 22,9 cm.
Kart. DM 44,80
ÖS 327,– / SFr 40,–
ISBN 3-519-02991-X

(Informatik & Praxis)

Preisänderungen vorbehalten.

B. G. Teubner Stuttgart · Leipzig